P. nyererei　　　　　P. pundamilia　　　　P. nyererei × P. pundamilia

（上）日本から絶滅したが，再導入されて野生復帰したトキ（図1.4右，写真：新潟大学 朱鷺・自然再生研究センター）．1.2節参照．

（中）婚姻色の異なるシクリッド2種とその雑種（図3.8）．3.3節参照．

（下）台風によってできた約20mの森林のギャップ（図4.3左）．4.1節参照．

（上）サンゴを食べるオニヒトデ（図5.3左）．食べた部分は白くなっている．5.2節参照．

（中）秋の七草が咲き乱れる富士山麓の草原（図6.7左）．6.2節参照．

（下）新潟県の中山間地の棚田（図7.1右．写真：小柳知代）．7.2節参照．

生物多様性概論

自然のしくみと社会のとりくみ

宮下 直
瀧本 岳　著
鈴木 牧
佐野光彦

朝倉書店

著者一覧

宮下　直（みやした ただし）	東京大学大学院農学生命科学研究科・教授	（第1章，第6章，第7章）
瀧本　岳（たきもと がく）	東京大学大学院農学生命科学研究科・准教授	（第2章，第3章）
鈴木　牧（すずき まき）	東京大学大学院新領域創成科学研究科・准教授	（第4章）
佐野光彦（さの みつひこ）	東京大学大学院農学生命科学研究科・教授	（第5章）

（　）内は執筆章

はじめに

　地球環境問題が世の中に取り上げられるようになって久しい．だがその内容は時代とともに少しずつ変化を見せている．近年では温暖化などの気候変動と並んで，「生物多様性」に関わる問題が注目を集めている．この用語からは，ニホンカワウソやトキなどの希少生物の絶滅や保護が容易に思い浮かぶが，それは一側面にすぎない．水産資源の減少や，増えすぎた野生動物による農作物被害，外来生物による生態系や人間社会への影響，そして身近な動植物とのふれあい体験の消失など，問題は非常に多岐にわたっている．したがって，「生物多様性」の実態を理解するには，純粋な自然科学の分野だけでなく，人間社会との関係や問題解決のための制度のありかたなども含めて総合的に学ぶ必要がある．

　この本は，生物多様性の成り立ちや維持機構などの「自然のしくみ」を概説するとともに，森や海，里山などで起きている問題の実態とその背景要因を探り，課題解決のための「社会のとりくみ」を紹介している．生物多様性についての教科書や解説書はすでに少なからず存在するが，生物学の分野に特化したものか，社会制度にもっぱら焦点を当てたものが大多数である．両者をバランスよく概説し，一冊で全体像を把握できる教科書はこれまでほとんどなかった．本書はそうした現状を踏まえ，文系学生も含めた大学の教養課程の学生が独習できる内容を目指している．実際，本書の構成は，著者らが東京大学の教養課程で行っている講義の内容をもとにしている．本書のもう一つの目的は，最新の科学的エビデンスや社会動向を紹介することにある．この分野の動きは最近とみに速いため，本書は学生だけでなく，専門の研究者や，生物多様性に関わる行政担当者，民間人にとっても有用な情報が数多く含まれているはずである．

　第1章は，なぜ生物多様性を気にかける必要があるのかを理解してもらうための導入章である．生態系の改変や生物の減少の実態をさまざまな角度から俯瞰し，問題提起を行うとともに，生物多様性の意味や人間にとっての価値を紹介する．第2章では，生物多様性の保全を考える上でカギとなる生態学の理論を概説する．個体群，群集，生態系を対象とした平易な数理モデルがその中心となって

いる．第3章では，種の多様性がどのような仕組みで創りだされるのかを紹介する．そして，これまであまり注目されてこなかった「進化プロセス」の保全の重要性を提示する．第4〜6章では，森林，沿岸，里山をとりあげ，それぞれの場で生物多様性が維持されている仕組みを解説するとともに，保全や管理の現状と課題を述べる．最後の第7章では，生物多様性の保全に関わる国内外の制度や取り組みを紹介する．ここでは経済的仕組みや人類の福利との関係についても言及している．

　本書の執筆は，第1, 6, 7章を宮下，第2, 3章を瀧本，第4章を鈴木，第5章を佐野が担当した．ただ，分担執筆ではなく共著としての一貫性をもたせるため，章間の関連性を意識したプロット（構成案）を事前に作成し，内容を吟味した．4名の著者はいずれも生態学をバックグラウンドとする自然科学者である．私たちは，生物多様性の保全と持続利用を実現するためには，自然の成り立ちや仕組みを深く理解した上で社会制度をデザインすることが必須であると考えている．その意味で，自然科学系の人はもちろん，社会科学を専門とする人にも，是非本書を通読して生物多様性についての理解を深めていただきたい．社会的な内容については不十分な点もあるだろうが，その反面，生態学者から見た社会制度のまとめ方について新たな視点が見つかるかもしれない．

　本書を完成するにあたり，さまざまな方にお世話になった．今井伸夫，浦口あや，大黒俊哉，香川幸太郎，須田有輔，中根幸則，南條楠土，西嶋翔太，西廣淳，山北剛久の諸氏からは，原稿の一部についてコメントを頂いた．渡邊彰子さんと横山陽子さんには図の描画や資料整理を，高木香里さんには表紙の絵を作成していただいた．写真を提供してくださった方の氏名などは，該当箇所に記した．最後に，本書の刊行にあたり朝倉書店編集部には大変お世話になった．以上の方々に心から感謝申し上げる．

2017年2月

著者を代表して　宮下　直

目　　次

第 1 章　生物多様性とは何か ― 1
1.1　地球環境と生物多様性　1
1.2　生物多様性の危機要因　8
1.3　生物多様性の三つの階層　13
1.4　生態系サービスと生物多様性　19

第 2 章　生物多様性の生態学理論 ― 23
2.1　個体群の理論　23
2.2　群集・生態系の理論　38
2.3　生物多様性と生態系機能の理論　47
　コラム 1　ロジスティック方程式　53
　コラム 2　平衡状態と平衡点の局所安定性　54

第 3 章　生物多様性の進化プロセスとその保全 ― 57
3.1　進化・適応・種分化　57
3.2　人間活動による進化プロセスの改変　67
3.3　人間活動がもたらす種分化プロセスの改変　70
3.4　まとめ　74
　コラム 3　種を定義する　61

第 4 章　森林生態系の機能と保全 ― 75
4.1　森林の特性と生物多様性　75
4.2　森林生態系の機能とサービス　84
4.3　森林の減少と劣化　87

4.4 森林の利用と保全 94
　コラム4　寄生者による宿主の操作　83
　コラム5　ニホンジカの増加はなぜ起こったか　92

第5章　沿岸生態系とその保全 ―――――――― 102
5.1 沿岸浅海域の生態系と生物多様性　102
5.2 サンゴ礁　104
5.3 マングローブ域　119
5.4 砂浜海岸　126
　コラム6　海洋保護区　118

第6章　里山と生物多様性 ―――――――――― 133
6.1 里山とは何か？　133
6.2 二次草地と生物多様性　140
6.3 水田の生物多様性　146
6.4 モザイク景観と生態系サービス　150

第7章　生物多様性と社会 ―――――――――― 152
7.1 生物多様性条約と生物多様性国家戦略　152
7.2 保護地域　155
7.3 生物多様性保全を支える経済的な仕組み　160
7.4 生物多様性と人間の福利：人の健康を例に　164
　コラム7　保護区選定における相補性の考え方　158

引用文献　169
用語索引　181
生物名索引　183

第1章

生物多様性とは何か

　地球環境は非常に長い時間をかけて形成され，生物の繁栄をもたらしてきた．現在の人類の出現はその上に成り立っている．しかし，ここ数十年間で地球規模での生態系の劣化や生物の減少・絶滅が顕在化している．その背景には，タイプの異なるさまざまな人為が関与している．この章ではそうした現状を紹介するとともに，そもそも生物多様性とは何なのか，私たちの生活や社会とどう関わっているのかについて概説していく．

1.1 地球環境と生物多様性

(1) 生物の豊かさ

a. 地球と生命の誕生　地球には適度な温度と水があるため，生命に満ち溢れた惑星となっている．隣接する金星と火星には生命体は存在しない．金星は数百℃の灼熱の地であり，火星はマイナス50℃の極寒の地である上，ともに水がほとんど存在しないからであろう．

　地球が誕生したのはおよそ46億年前といわれている．当時は地球表面に多数の隕石が衝突し，表面はマグマで覆われていて，大気中にも酸素はほとんどなかった．その後，地球が冷えるに従い大気中の水蒸気が大量の雨となって地表に降り注ぎ，原始の海ができあがった．そこで生命が誕生したのは約38億年前である．当時の生物は，有機物を分解してエネルギーを得る従属栄養生物や，メタンや硫化水素を使って有機物を合成する独立栄養生物であったようだ．

　30億年ほど前になると，光合成をするシアノバクテリアが出現した．光合成は水と二酸化炭素，そして光エネルギーで有機物を合成する一方，酸素を排出する．その活動により，大気中の酸素濃度は上昇を続け，6億年ほど前になると現

在とほぼ同じ酸素濃度の大気ができあがった．また酸素濃度の高まりにより，地上 10 km 以上の成層圏にオゾン層が形成された．オゾン層は，宇宙から大量に降り注ぐ紫外線や放射線など，DNA や細胞に致命的な損傷を与える宇宙線を吸収する働きがある．古生代になって維管束植物や両生類，昆虫類が陸上に進出できたのは，オゾン層が形成されたおかげである．

b. 膨大な種の生物　　現在，地球上には約 180 万種の生物が知られている．「知られている」というのは，科学者が論文に発表した種に限ってということで，実際にはそれよりはるかに多くの種が未発見の状態にある．推定種数は研究者によって相当な開きがあるが，数千万から億のオーダーの種が存在すると考えられている．そのなかでもっとも多いのは昆虫であり，記録されている全生物種の半数以上を占めている．菌類や細菌などの微生物は，昆虫ほど多くの種は記載されていないが，未発見のものが多数あるらしい．土壌中の微生物の種の同定には，以前は培養が必要だったが，現在はさまざまな微生物の遺伝子をまとめて分析する**メタゲノム解析**などの技術が進歩し，土壌中に存在する DNA から微生物を直接調べることが可能になった．ある研究によると，既知の土壌微生物の種数は，実際に存在する種の 1% にも満たないらしい（Ling et al. 2015）．

　一方で，私たち人類が属する哺乳類は，すべて合わせても約 4000 種に過ぎない．未知の種がまだ時々発見されるが，今後大幅に増えることはないだろう．人類は，科学的にはヒト（*Homo sapiens*）という生物である．過去数十万年の間には，何種ものヒト属（属は種の上位階層の分類群の名称）が地球上に現れては消えていった．ヒトが地球上に現れたのは，10 万年ほど前である．地球の誕生から現在までの時間を 1 年に換算すれば，ヒトが現れたのは大みそかの午後 11 時 50 分頃である．

　約 2 万年前までは，ヒト以外にもネアンデルタール人（*Homo neanderthalensis*：ヒトの亜種とされる場合もある）やフローレス人（*Homo floresiensis*：原人の一種）がいたが，その後は絶滅してしまった．ヒト属の間で種間の生存競争があったかどうか不明であるが，最近の研究によると，ヨーロッパ人など，一部のヒトの遺伝子にネアンデルタール人の遺伝子が混ざっていて，過去に交雑が起きていたらしい（Sankararaman et al. 2014）．

　すでに見てきたように，現在地球上に生息する膨大な数の生物種のうちで，私たちはたった 1 種の生物に過ぎない．にもかかわらず，いまや地球を支配し，環

境を大きく改変している．その速度は産業革命以降に勢いを増し，20世紀後半の人口増加や科学技術の進歩とともに加速している．生態系も多種多様な生物も，気の遠くなるような時間をかけて形成されてきた産物であり，私たちはごく最近になって出現した一員であることを忘れてはならない．

(2) 地球規模での環境の劣化

20世紀後半以降，人為による環境への影響はローカルなものからグローバルなものへと変貌してきた．これは，単に影響が広範囲に及ぶようになったというだけでなく，国家間の物流の活発化などで新たな問題が発生するようになったことも含まれる．以下では，象徴的な三つのトピックを挙げてその問題を概観する．

a. 熱帯林の減少　赤道付近に広がる熱帯雨林は，地球上でもっとも生物が豊かな場所として有名である．生物多様性の名づけ親であり，アリの世界的研究者として有名なEdward Wilsonは，アマゾン流域のたった1本の樹から43種のアリを発見しているが，この数はイギリス全土のアリの種数に匹敵するという（Wilson 1987）．これは一例で，熱帯などの低緯度地方で種数が多くなる例は，枚挙にいとまがない．熱帯で種数が多いことにはさまざまな理由が挙げられている．おもなものを三つ挙げると，①熱帯は植物の**一次生産量**（光合成をしてバイオマスを生産する速度）が大きいので，多くの種が環境を細分化して共存できる，②過去の氷河期の影響を受けていないので，多くの種が生き残っている，③熱帯域は赤道に沿って幅広く帯状に分布しているので，南北に分断されることが多い他の気候帯よりも面積が広く，種の絶滅が起きにくい，などである．詳しくは，関連の教科書を参照するとよい（宮下・野田 2003, 宮下・井鷺・千葉 2012）．

ところが，熱帯林は20世紀後半から，すさまじい速度で減少している．東南アジアの例でみると，インドシナ半島では1970～1990年の20年間に，森林面積は半分以下となった（図1.1）．1990～2010年もこの勢いは衰えを見せず，東南アジア全体で日本の国土の90%近い面積が消失した（遠山・辻野 2015）．人口増加に伴う農地の拡大や外貨獲得のための木材輸出の増加が主たる要因である．当然，そこに住む多種多様な生物が大きな痛手を受けていることは想像に難くない．アジアゾウ，トラ，オランウータンなど，誰もが知っている象徴的な生き物が絶滅の危機に追い込まれている．バリ島やジャワ島では，20世紀になって島

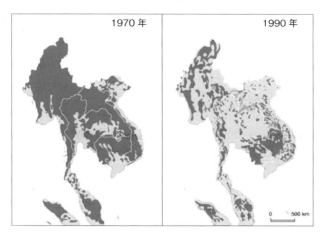

図 1.1 インドシナ半島における森林面積の減少．
濃い灰色の地域が森林を表している．GRID-Arendal を改変．

の固有亜種であるバリトラやジャワトラが絶滅している．近年，一部の途上国では森林面積の回復も見られるが，もとの多様な生き物が住む熱帯林が回復するには相当な年月がかかるに違いない．

b. サンゴ礁の危機　サンゴ礁は海洋でもっとも一次生産量が大きい生態系であり，年間の生産量は熱帯雨林と同等かそれ以上に達する．そこには魚類をはじめ多種多様な生物の棲み家となっている（詳しくは第 5 章参照）．世界的にはオーストラリアのグレートバリアリーフ，日本では石垣島と西表島の間に広がる石西礁湖などが有名であり，観光地としてはもとより，自然の宝庫としてもよく知られている．

しかし，いま温暖化によるサンゴの死滅（白化）などの危機が迫っている．最近とくに危惧され始めたのが，温暖化と海洋の酸性化の二つの要因によるサンゴの衰退である（Yara et al. 2012）．サンゴの体は炭酸カルシウムからできているが，二酸化炭素の溶け込みによる酸性化が進むと，炭酸カルシウムが溶け出して生きてゆけなくなる．とくに低水温域でその傾向が進むため，酸性化によってサンゴが棲める北限が南下することになる．現状のペースで二酸化炭素の排出が進むと，水温上昇による白化で南限が北上する一方，酸性化により北限が南下する．その結果，サンゴの生息可能域がどんどん狭まり，2070 年頃には日本近海からサンゴが消滅するというショッキングな予測が出されている（図 1.2a）．だ

1.1 地球環境と生物多様性

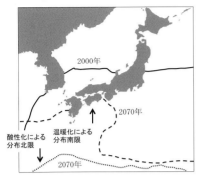

図1.2 地球温暖化（水温上昇）と海洋酸性化による温帯性サンゴの分布変化．
実線は2000年時での水温による分布北限，点線は将来の酸性化による分布北限，破線は将来の温暖化がもたらす白化による分布南限．
a：経済発展を重視する二酸化炭素の高排出シナリオ（現在のままで規制をしない）では，高温による白化で分布の南限（破線）が，酸性化による分布北限（点線）を超えるため，日本近海からサンゴは消滅する．
b：環境を重視した低排出シナリオでは，酸性化による南限（点線）はある程度南下するが，高温による白化が抑制されるので（破線が地図に現れない），西日本にサンゴの分布が残る．
Yara et al.（2012）を改変．

が，世界の国々が温暖化ガスの削減に積極的に取り組めば，それを回避できる望みもある（図1.2b：Yara et al. 2012）．

c. 急速に進む都市化　地球上で都市域が占める面積割合は4％に過ぎないが，そこには全人口の半数以上が暮らしている（Goddard et al. 2010）．森林や海洋と違い，都市は人が住む場所であり，生物多様性を論じることに意味がないと感じるかもしれない．しかし，都市近郊の農地や雑木林，湿地などは，低地や開放環境を好む生物にとって重要な生息地となっている．さらに，人間が日常的に自然や生物に接する場は，都市やその近郊にあることが多く，生物多様性の意味や価値を感じる場としての機能は高いはずである（第7章参照）．

　しかし，こうした身近な自然は都市化により急速に失われている．中国やインド，そして東南アジア諸国では，ここ20〜30年間で都市域の急激な拡大と農地の消失が起きている．日本ではそれより少し前の高度経済成長期から同様の現象が起きてきた．関東地方の例で見ると，1972〜2011年の約40年間で都市域が倍増する一方で，郊外に広がっていた農地は3分の2に減少した（Bagan & Yamagata 2012）．山間部の森林面積はほとんど変化していないが，都市近郊ではやは

り減少している．2080年までには，地球上の全人口の約8割が都市に住むという予測が出ていることからしても，今後，都市やその近郊での生態系や生物多様性の保全を考えるニーズは高まるに違いない．

(3) 生物の減少の実態

a. 生きている地球指数　生態系レベルので環境劣化が起きていることはわかったが，実際に生物の減少の実態はどれほど把握されているのだろうか．最近になって，生物の分布記録をもとに，さまざまな分類群でどの程度数が減っているかを明らかにする研究が増えている．世界各地で得られた過去のデータを統合し，その変化傾向を統計的に解析した，**生きている地球指数**（living planet index）はもっとも包括的で定量的なものである．この指数では，1970年から2010年までの間に，3000種以上の脊椎動物（哺乳類，鳥類，爬虫類，両生類，魚類）の個体数がどう変化したかを評価している（WWF 2014）．分類群による違いはあるものの，平均すると個体数が半減していることがわかっている（図1.3左）．また，森林伐採が進む熱帯で減少率が高いことも特徴であり，中南米では個体数が80％以上も減少している．

生きている地球指数では，昆虫などの無脊椎動物の評価は行っていないが，最近，別のグループが行った評価がある（Dirzo et al. 2014）．それによると，もっともよく調べられている蝶類で，40年間で個体数が約35％減少し，その他の昆虫では平均60％以上も減っているらしい（図1.3左）．

b. レッドリスト指数　レッドリストとは，国際組織であるIUCN（世界自然

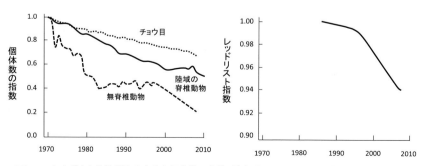

図1.3 さまざまな生物種をまとめた個体数の指数（左）と，レッドリスト指数（右）の変化．WWF Report（2014）とDirzo et al.（2014）を改変．

表 1.1 レッドリストの3つのカテゴリー（ランク）と5つの評価基準．基準の詳細は省略している部分がある．「分布範囲」には，実際に生息地となっていない場所も含まれる．

評価基準	絶滅危惧 I A	絶滅危惧 I B	絶滅危惧 II
A 個体数の減少	10年もしくは3世代で80%以上	10年もしくは3世代で50%以上	10年もしくは3世代で30%以上
B 分布範囲または生息地面積	分布範囲が100 km² 未満もしくは生息地面積が10 km² 未満	分布範囲が5000 km² 未満もしくは生息地面積が500 km² 未満	分布範囲が20000 km² 未満もしくは生息地面積が2000 km² 未満
C 成熟個体数と付帯条件	250 未満で減少傾向などあり	2500 未満で減少傾向などあり	10000 未満で減少傾向などあり
D 成熟個体数	50 未満	250 未満	1000 未満
E 将来の絶滅確率	10年間もしくは3世代の絶滅の可能性が50%以上	20年間もしくは5世代の絶滅の可能性が20%以上	100年間の絶滅の可能性が10%以上

保護連合）が定めた絶滅の恐れのある生物を選定したもので，**絶滅リスク**（extinction risk）に応じて3種類のカテゴリーに分けられている（表 1.1）．それらの判断基準は，将来の絶滅確率の推定値（第2章参照）のような根拠の明確なものから，個体数や生息面積の減少のように定量的ではあるが絶滅リスクを直接反映していないもの，さらに単に生息地の減少が著しいといった定性的な基準まである．こうした基準に幅があるのは，情報が少ない生物に対してもそれなりの評価が行えるようにするためである．

脊椎動物では全種数のうちの 20〜30% がレッドリストに指定されているが，無脊椎動物は 1% にも満たない．しかし，これは情報不足で評価が行われていないだけであり，実際は 40% ほどに達すると推定されている（IUCN 2014）．

レッドリスト指数（Red List index）は，ある期間内における各種の絶滅リスクの増加分を合計した値の「逆数」のようなものである．値が小さいほどレッドリストに追加された種が増えたか，レッドリストの危険度ランクが上がった種が増えたことを意味している．保全策が功を奏すればこの指数は上がるはずだが，ここ 20 年ほどの間で個体数指標と同様に減少傾向が激しい（図 1.3 右）．

c. 第6の大量絶滅の時代？　では，実際に現在どの程度の規模で絶滅が起きているだろうか．もっともよく調べられている脊椎動物で見ると，記録があるだけで過去 500 年間に 320 種以上が絶滅し，哺乳類に限っても 80 種が絶滅している（Dirzo et al. 2014）．実はこの速度は，地球上で過去に起こった5回の大量絶

滅の速度に匹敵するらしい（Barnoski et al. 2011）．最大の絶滅は古生代末期で，三葉虫などを含む90％以上の種が絶滅したといわれている．もっとも最近の大絶滅は白亜紀末期の恐竜が絶滅した時のもので，約70％の種が滅びたらしい．これら大量絶滅は，数十万〜数百万年の期間をかけて起きたと考えられている．

絶滅の尺度には，速度だけでなく，絶滅した総種数でも測られる．現在の絶滅速度は大量絶滅に匹敵するが，総種数では遠く及ばない．しかし，今後IUCNのレッドリスト種がすべて絶滅し，その傾向が200〜500年ほど続けば，種数でも大量絶滅に匹敵するらしい（Barnoski et al. 2011）．まさに，地球上はいま，大量絶滅の縁にあるといえよう．そして，それを回避できるかどうかは，私たちの知恵と意志にかかっているのである．

1.2　生物多様性の危機要因

では，生物の減少や絶滅をもたらしている要因は何なのだろうか．まず，熱帯林の急減のような生息地が丸ごと破壊されることはすぐに思い浮かぶだろう．生きている地球指数を算出した脊椎動物では，約45％のケースが生息地の消失や劣化が減少要因とされている（WWF 2014）．もう一つの主要因は人間による過剰な採取であり，約37％を占めている．哺乳類や鳥類では狩猟であり，魚類では漁業である．他には気候変動が7％，人間が持ち込んだ外来種の影響も5％ほどになっている．ただ，こうした数値が昆虫などの無脊椎動物や植物に当てはまるかどうかはわかっていない．また，土地改変の速度が比較的小さい先進国では事情も違ってくるだろう．

日本では，環境省が主導で作成した「**生物多様性国家戦略**」のなかで，4種類の生物多様性の危機要因を挙げている（環境省 2012）．「第1の危機」は，すでに述べた生息地の破壊や過剰採取である．これは**オーバーユース**（overuse）とも呼ばれている．「第2の危機」はその反対で，自然資源の利用の減少によるもので**アンダーユース**（underuse）と呼ばれている．伝統的な農林業の衰退ともいえる．これは一見直感に反するが，日本をはじめ先進国では近年顕在化している．「第3の危機」は外来生物や人間が使用する化学物質による影響である．最後の「第4の危機」は温暖化をはじめとする気候変動である．以下，それらの具

体的な中身を見ていこう．

（1） 第1の危機

日本では，幸いなことにまだ絶滅した生物はわずかである．しかし，ニホンオオカミやニホンカワウソ，トキなど，象徴的な生物が絶滅している（図1.4）．いずれも昔は珍しい生物ではなかったが，明治以降に急減してしまった．原因はおもに過剰な狩猟や生息地の改変であり，オーバーユースの典型と見ていいだろう．ニホンオオカミの場合，明治初期には東北地方で畜産業を阻害する要因として，懸賞金付きで駆除が奨励されていたようだ（ウォーカー 2009）．ただ，輸入された洋犬に由来するジステンパー病の流行も深刻だったようで，第3の危機との複合要因で絶滅した可能性もある．

絶滅に至らないまでも，その危機に瀕している生物は数多い．日本では森林が半世紀以上にわたって国土面積の7割弱で維持されているので，森林性の生物はそれほど減少していないが，都市近郊や農地に棲む生物の減少は激しい．たとえば水田で繁殖する両生類や水生昆虫は，乾田化や水路のコンクリート化など，水田環境の変化で激減している（第6章参照）．これは生息地の消失よりも，生息地の質の劣化という表現が適切であるが，これも第1の危機に含められる．この場合も，農薬の使用など，他の危機要因との複合影響である可能性もある．

（2） 第2の危機

人類による農耕の歴史は数千年に及ぶ．それは必ずしも自然からの一方的な搾

図1.4 日本から絶滅したニホンオオカミ（左）とトキ（右：口絵参照）．
トキは再導入により野生復帰している．
写真：（左）東京大学農学部森林動物学教室，（右）新潟大学 朱鷺・自然再生研究センター．

取の歴史ではない．食糧や燃料を持続的に利用する営みは，それ自体が攪乱環境としての**二次的自然**，つまり草地や雑木林，自然湿地の代替地としての水田などを維持し，それに適応した様々な生物の棲み家を提供してきた．里山に生息するさまざまな生物はその典型例である（第6章参照）．しかし，化石燃料の普及と各種技術の進歩，流通のグローバル化，そして先進国の人口減少は，伝統的な農林業の営みを衰退させた．人間が管理してきた明るい林が暗い林へ変化し，草原や山間部の水田が放棄されて藪に変化してしまった．日本のレッドリスト種に，里山に棲む生物が多数含まれているのはそのためである．

アンダーユースは，長年維持されてきた自然と人間社会の関係性の変化に起因する新たなタイプの危機である．これは日本をはじめ，経済発展を遂げ，人口減少社会に突入した先進国に特有なものであるが，温帯ではもともと攪乱環境に適応した生物が多いためかもしれない（Miyashita et al. 2014）．また自然保護か開発かという二項対立ではなく，伝統的な土地管理や農林産物の生産の復活が生物多様性の保全につながるという考えに依拠しているため，その対策は比較的社会的に受け入れられやすいと思われる．だが，そもそもアンダーユース自体が最近起きてきた問題であり，科学的に立証された例はまだ一部に過ぎない．具体的な内容については，第4章の森林や第6章の里山の章で紹介する．

（3） 第3の危機

経済のグローバル化に伴い，国境を越えてさまざまな生物が導入されるようになっている．外来種は，元来その地域に土着していなかった生物をさすが，導入の経緯は意図的なものもあればそうでないものもある．外来種は，捕食や競争などを通して在来の生物を減少させることが多いが，時として病原菌を持ち込んで間接的に近縁の在来種を脅かすこともある．

外来種の影響は，とくに島や水域などの閉鎖された生態系で強くなる傾向にある．たとえば，南西諸島や小笠原諸島には，世界でそこにしか分布しない固有種が多いが，さまざまな外来種の脅威にさらされている．奄美大島に導入されたフイリマングース（図1.5左）は，アマミノクロウサギや固有のカエル類を激減させているし（Watari et al. 2008），小笠原に導入されたグリーンアノール（図1.5右）というトカゲは，固有のセミやトンボ，蝶を激減させている（Karube 2010）．また，湖沼に導入された外来魚（オオクチバスやブルーギルなど）は，

図 1.5 外来種フイリマングース（左）とグリーンアノール（右）．
グリーンアノールは，小笠原諸島固有種のオガサワラゼミを捕食している．
写真：（左）環境省奄美自然保護官事務所，（右）刈部治紀．

在来の淡水魚を各地で激減させている．日本の主要な湖では，1998〜2008 年までの 10 年間に，漁業対象の魚の個体数が約半減しているが，その主要因は外来魚である（Matsuzaki et al. 2015）．

外来種問題はさらに複雑な様相を見せている．いまや，同じ生態系に複数の外来種がいることも多い．その場合，外来種同士も食う食われるの関係にある場合があり，特定の外来種だけの駆除は別の外来種の大発生をもたらし，新たな問題を発生させることもある（第 2 章参照）．たとえば，日本各地に点在するため池には，いまや多種多様な外来種が定着している．オオクチバスの駆除が，アメリカザリガニの大発生を誘引し，水草であるヒシが激減した例も知られており，問題解決の難しさを物語っている．

外来種は，生物多様性や生態系への影響だけでなく，外来害虫による農作物被害や，コイヘルペスウイルスによる養鯉業への被害など，経済的影響も与えている．そのため，わが国では 2005 年に生態系や農林水産業，人間の健康に害を与える恐れのある外来種を規制する**外来生物法**（「特定外来生物による生態系等に係る被害の防止に関する法律」）が施行され，野外への放逐の禁止はもちろん，輸入や飼育・栽培の規制が行われている．しかし，アメリカザリガニのように，生態系に明らかに強い影響があるものでも，各地に広く定着し，一般市民による捕獲や飼育が広まっていて，法の実効性の確保が難しいものは指定されていない．

第 3 の危機には，外来種以外に，生物に毒性をもたらす化学物質（ダイオキシ

ンや農薬など）の影響も含まれている．外来種との共通点は，人間が持ち込んだものという点にあるらしい．最近ではネオニコチノイド系の農薬がミツバチやアキアカネなどの昆虫類に与える影響が問題視されている（詳しくは第6章参照）．

(4) 第4の危機

地球温暖化などの人為による気候変動が問題視されはじめたのは 1980 年代まで遡るが，**IPCC**（気候変動に関する政府間パネル）などで科学的にも社会的にも公式に認められたのは今世紀に入ってからである．わが国の生物多様性国家戦略でも，気候変動が他の三つの危機要因と併記して「第4の危機」と明記されたのは 2012 年の改訂からである．

桜の開花日が早まる程度のことであれば危機とはいえないが，大雪山の高山帯のお花畑が衰退しているとか（図 1.6），高山蝶の分布の下限の標高が上昇し，分布域が狭まっているという問題はやはり深刻である（Roland & Matter 2007）．最近では，高山帯にシカが進出して高山植生を破壊しているという報告もある（渡邊ほか 2012）．第4章で紹介するように，シカの増加は低山域でのアンダーユースも関係しているので，これも複合要因が働いている可能性が高い．さらに，温暖化は私たちの感染症のリスクも高めている．デング熱の媒介者であるヒトスジシマカは，ここ数十年で東北地方の北部にまで分布を広げている．

こうした気候変動の影響は，将来さらに深刻化する可能性が高い．前節では，このままのペースで温暖化ガスの排出が続くと，2070 年頃には日本近海からサンゴが消滅するという予測を紹介したが（4頁参照），個々の種レベルでも大き

図 1.6 大雪山五色ヶ原の植生変化．
十数年間で湿生お花畑がイネ科草原へと変化した（写真：工藤 岳）．

な打撃を受けることが予測されている．ある研究によると，このままのペースで温暖化ガスの排出が続けば，2100年には平均気温が現在よりも約4℃上昇し，その影響だけで地球上の動植物の約6分の1（16%）の種が絶滅するという（Urban 2015）．ただし，排出量をIPCCが定める努力目標（気温上昇約1℃）まで引き下げられれば，絶滅率も数%に抑えられるらしい．

1.3　生物多様性の三つの階層

　生物多様性の歴史，現状，課題について概観できたところで，改めて生物多様性の定義について考えてみよう．生物多様性（biodiversity）という言葉は1988年に公式文書ではじめて使われたとされている．その後，1992年の地球サミットで**生物多様性条約**（Convention on Biological Diversity：CBD）が批准されたことで認知度が一気に上がった．"biological diversity"や"variety of life"という用語に由来し，種の多様性と同義ではない．初期には多少の混乱もあったが，いまでは遺伝子，種，生態系という三つの階層（レベル）の多様性を含む概念と定義されている．

(1) 遺伝子の多様性

　同じ種の生物でも，遺伝的に異なるさまざまな変異があることはよく知られている．作物や家畜，ペットに見られる品種の大部分は種内変異である．人間の肌の色や光彩の色の違いも遺伝的変異である．だから品種が違っても，互いに交配して稔性のある（不妊でない）子孫をつくることができる．

　遺伝子の多様性ないしは変異がなぜ重要なのかは，大きく2種類に分けて考えることができる．一つは，集団のなかに存在する遺伝的な変異で，もう一つは集団間で見られる変異である．前者は**遺伝的多型**（genetic polymorphism）が有名である．また後者は集団間の**遺伝的分化**（genetic differentiation）とも呼ばれる．では，遺伝的変異ないしは多様性にはどのような意味があるのだろうか．

　a. 集団内の遺伝的変異　　集団中に遺伝子の多様性があると，環境変化に対する集団の適応力が高まることが知られている．オオシモフリエダシャクというガの一種は，高校教科書の進化の項では必ず登場する．このガには遺伝的に決まっ

図 1.7 幹の色の違う樹に止まるオオシモフリエダシャクの暗色型と明色型．背景の幹の色によって，両型の目立ちやすさが大きく異なる．

ている色彩の多型があり，黒い翅と白い翅の個体がいる（図1.7）．イギリスの郊外に棲むこの種は，白い広葉樹の幹にとまる習性があり，もともと白い翅の個体が多かった．翅の色が幹上で保護色となり，天敵の鳥に見つかりにくいからと考えられる．ところが，工業の発展で石炭の使用が増え，煤煙で樹木の幹が黒化し，色が白い地衣類が減ると，徐々に白い個体が減って黒い個体が多くなった．背景が黒くなって目立つようになった白いガを，鳥が選択的に捕食した結果と考えられる．これは**自然選択**（natural selection）による進化（第3章参照）の有名な例であるが，同時に遺伝的多様性の意義を示す好例でもある．もし翅の色に関する遺伝子の多様性がなかったなら，このガの集団は環境変化に対応できず，絶滅していたかもしれない．

　遺伝的多様性のメリットは，作物でも知られている．イネにはいもち病という深刻な疫病があり，それに抵抗性のある品種が作出されてきた．だが，抵抗性のある品種でも単一で栽培すると，ある程度この病気にかかってしまう．しかし，抵抗性のない品種と混ぜて栽培すると，抵抗性品種の罹病率が半減するらしい（Zhu et al. 2000）．いもち病菌にも遺伝的に異なる複数のタイプがあり，イネの複数の品種を混植することで，抵抗性品種に寄生できるタイプの菌の蔓延が防がれるためではないかと考えられている．

　b. 集団間の遺伝的分化　同じ種でも棲んでいる環境が違うと，形や大きさ，行動が違ってくることがある．その典型例が「亜種」である．たとえばニホンジカやオオカミは，北海道と本州以南では別亜種に分かれている．どちらも北海道の亜種の方が大型で，体重が2倍以上もある．本州以南に棲んでいたニホンオオカミは小柄で脚や耳が短く，頭骨の形も少し異なるため，北海道や大陸のオオカミとは別種と考える学者もいた．だが最近の遺伝子解析により，ニホンオオカミ

は系統的にオオカミの一群に過ぎず，10万年ほど前に朝鮮半島経由で渡来した祖先に由来すると推定された（Ishiguro et al. 2009）．今では，日本列島で急速に小型に進化した亜種であるという見解に落ちついている．

集団間の遺伝的分化がさらに進めば，やがて互いに交配できない別種に進化する可能性がある．そもそも新たな種の誕生は，集団の遺伝的分化がきっかけになるのだから当然ともいえる．環境省が指定した日本の絶滅危惧種には，大陸にすむ種の別亜種が多く，大陸ではまだ数が減っていないものも少なくない．たとえば，日本の蝶類は固有種が少なく，絶滅危惧種の多くが固有亜種である．世界レベルでの保全優先順位は高くないかもしれないが，将来を見通せば，亜種の保全も重要であることは間違いない．

(2) 種の多様性

生物多様性の三つの階層のうちで，種の多様性はもっともわかりやすい．この章でも種数の話は何度も出てきたので，ここでは種と種のつながりの重要性に絞って説明する．

a. 食物網 自然界の生物を食う食われるの関係で結んだ図を**食物網**（food web）という．以前は**食物連鎖**（food chain）と呼んでいたが，実際は直線的な鎖状ではなく，入り組んだ網目状になっているので食物網という表現が一般的となっている．

里山に棲むサシバ（猛禽の一種）を例に考えてみよう（図1.8）．サシバは春に水田でカエルやヘビを餌にするが，夏になって水田のイネの丈が高くなると雑木林でガの幼虫などを食べる．ヘビはカエルが好物で，カエルは多種多様な昆虫やクモ，ダンゴムシを食べる．これだけで十分複雑な食物網ができあがる．サシバのように食物網の上位にいる種はもちろん，カエルのような中位の生物でも多様な生物に支えられているのである．

b. 送粉関係 種と種の結びつきは，食う食われるの関係だけではない．顕花植物の多くは，昆虫などに花粉を花から花へ運んでもらい，種子生産をしている．野菜や果物の半数以上は，こうした他家受粉が必要である．他家受粉には特定の昆虫のみが関与する場合もあるが，さまざまな昆虫が関わっていることも多い．その例をソバで見てみよう．

ソバは穀物に分類されるが，イネやコムギと違って虫媒花である．ミツバチや

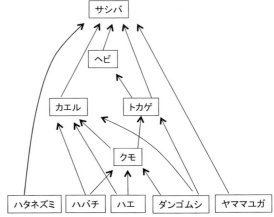

図 1.8 サシバとそれを頂点とする食物網.
実線は食う食われるの関係を示す．一部の種や関係のみを抜粋している（写真：内田　博）.

マルハナバチなど，コロニーを作るハナバチ類がよく訪れるが，チョウや小型のハエ類，甲虫類も数多く訪れる．ソバの花に，ハナバチなどの大型昆虫が通れないメッシュの細かい網をかけると，結実量は約半減するが，それでもまったく訪れない場合よりも明らかに結実量は多い（Taki et al. 2009）．ハナアブやヒラタアブ，ニクバエなど，種数が豊富なハエ類もソバの他家受粉にかなり貢献しているようだ．

　ところで，ハエ類の多くは，幼虫時代は蜜や花粉とは別の餌を食べている．ヒラタアブはアブラムシを食べているし，ハナアブは水路などでユスリカの幼虫や腐った有機物などを食べている．つまり，植物と送粉者の関係は，送粉者の幼虫時代の食物網とも連結しているのだ（図1.9）．生物同士のつながりは，想像以上の広がりをもっているのである．

(3)　生態系の多様性

　生態系は生物と生物以外の環境（水や栄養塩，遺骸有機物など）の総体である．多様な生態系があれば，多様な生物が棲めるのはある意味自明である．だが，生態系の多様性にはそれ以上の意味がある．

　まず第1に，個々の生態系は独立に存在しているのではなく，しばしば相互に関係している．たとえば森と河川，海の関係を考えよう．河川生態系の物質やエ

1.3 生物多様性の三つの階層

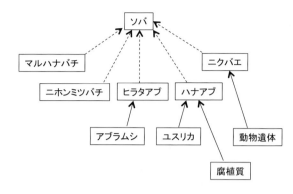

図 1.9 ソバの花を訪れるニホンミツバチ，およびソバを中心とする送粉者とその幼虫時代の食物網．実線は食う食われるの関係，破線は送粉関係を示す．一部の種や関係のみを抜粋している．

ネルギーの基盤は，森林から流入する落ち葉などの有機物に支えられており，山地の渓流では90％を超える．上流から下流に移るにつれ，次第に減少するが，河口部でもなお20％の有機物は森林などの陸域由来である（Begon et al. 2006）．一方，サケ科魚類は海から川へ自らの移動により有機物を運び，それを食べる哺乳類や鳥類が，サケ科の遺骸をさらに陸へ運ぶ（Helfield & Naiman 2006）．同じく，河川から羽化した水生昆虫が，川から森へエネルギーを供給することもある（第4章参照）．

　生態系の多様性のもう一つの意味は，複数の生態系がないと暮らせない生物がいることである．両生類は幼生期には池や水田で暮らすが，成体になると周辺の森林に移動して成長する種も少なくない．トンボなどの水生昆虫も同じである．変態をする生物以外にも，季節により採食する生態系を変える捕食者もいる．サシバは春には水田でカエルなどを捕食するが，夏になると雑木林で大型の昆虫類を食べる．里山で多様な生物がいる理由は，多様な生態系が存在することが大きな理由である（第6章参照）．沿岸でも似たような例がある．ブダイなどの魚は，マングローブ林で育ったあとサンゴ礁に移動して生活史を全うする（第5章参照）．

(4) 生物多様性の測り方

では生物多様性は具体的にどのように計測されるのだろうか．わかりやすい種

の例から考えてみよう.

　種の多様性は単に種数で測ることもあるが，個体数も加味して評価することも多い．その理由は，仮に二つの**生物群集**（ある場所や地域に棲む生物種の集合体）のなかの種数がまったく同じでも，各種の個体数が異なれば，群集の構造が大きく異なるからである．たとえば，表1.2の三つの群集はどれも4種からなるが，群集Aでは個体数が種ごとに一様であり，群集Cは偏りがもっとも大きい．

　こうした度合いを定式化したものが多様度指数である．多様度指数にはさまざまなものがあるが，ここではもっともよく使われ，理解もしやすい**シンプソンの多様度指数**を紹介する．

　いま，種iが群集全体に占める個体数の割合をp_iとすると，シンプソンの多様度指数Dは以下のように表せる．

$$D = 1 - \sum_{i=1}^{S} p_i^2 \tag{1}$$

ここで，Sは群集中の種数を表す．この式は，群集中からランダムに2個体を選んだとき，それらが別種である確率を意味している．当然，種の個体数が完全に均一な場合に，この指数は最大になる．表1.2の例では，シンプソンの多様度指数は群集Aでもっとも高く，群集Cでもっとも低い．この指数は，直感とも整合性があることに気付くだろう．

　この指数は，生態系の多様性の評価にも使える．生態学では，複数の生態系の組み合わせを**景観**（landscape）と呼ぶ．生態系の多様性は，景観の異質性と言い換えることができる．景観内には，面積の異なる複数の生態系が含まれているので，種の多様性を計算するときの「個体数」を生態系の「面積」に置き換えれば，シンプソンの多様度指数を用いて生態系の多様性の評価ができる．つまり，(1)式のp_iを景観内で生態系iが占める面積割合にすればよい．

表1.2 4種の生物から構成される三つの生物群集とシンプソンの多様度指数．種数と総個体数はどの群集も同じであることに注意．

群集	種1	種2	種3	種4	多様度指数
A	50	50	50	50	0.75
B	100	40	50	10	0.65
C	160	20	10	10	0.35

つぎに，遺伝子の多様性について考えてみよう．ある遺伝子座には，両親から由来する二つの対立遺伝子がある．集団中には，複数の対立遺伝子がある場合が多く，その数を単純に遺伝子の多様性の指標にすることもある．しかし，これは調べた個体数に強く影響される．そこで，シンプソンの多様度指数と似た**有効対立遺伝子数**（effective number of alleles）A が使われることがある．

$$A = \frac{1}{\sum_{i=1}^{S} p_i^2} \quad (2)$$

ここで，p_i はある遺伝子座における対立遺伝子 i が集団中に占める割合，S は遺伝子座における対立遺伝子の数である．分母は二つの対立遺伝子が同じ種類になる確率なので，その逆数は遺伝子の多様度を表している．対立遺伝子が 1 種類だけの場合（多型がない場合），この指数の値は 1 となり，多数あるほど値は大きくなる．

多様性を測る尺度は，種，遺伝子，景観のどれにおいても，さまざまな尺度が提案されている．詳細は関連の教科書を参照するとよい（宮下・野田 2003，宮下・井鷺・千葉 2012）．

1.4 生態系サービスと生物多様性

私たちの暮らしや社会は，自然からのさまざまな恵みの上に成り立っている．食料や水はもとより，森や海，農村の風景に心の癒しを感じることもある．最近，そうした恵みを**生態系サービス**（ecosystem service）と呼んでいる．一般に生態系サービスは 4 種類に区分されている．基盤サービス，供給サービス，調整サービス，文化的サービスである（図 1.10）．ここでは，その内容について紹介するとともに，生物多様性との関わりや，個々のサービスの関連性について考えてみよう．

(1) 基盤サービス

これには，光合成による二酸化炭素の固定，土壌の形成，物質（窒素やリン）の循環などが含まれる．どれも生態系を維持する根源的な働きであり，他の三つ

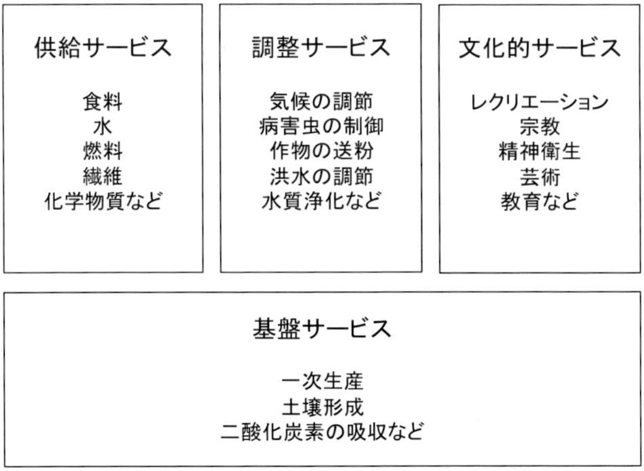

```
┌─────────────────┐ ┌─────────────────┐ ┌─────────────────┐
│   供給サービス  │ │   調整サービス  │ │  文化的サービス │
│                 │ │                 │ │                 │
│       食料      │ │   気候の調節    │ │  レクリエーション │
│       水        │ │  病害虫の制御   │ │      宗教       │
│      燃料       │ │   作物の送粉    │ │    精神衛生     │
│      繊維       │ │   洪水の調節    │ │      芸術       │
│  化学物質など   │ │  水質浄化など   │ │    教育など     │
└─────────────────┘ └─────────────────┘ └─────────────────┘

        ┌───────────────────────────────────────┐
        │            基盤サービス               │
        │                                       │
        │              一次生産                 │
        │              土壌形成                 │
        │         二酸化炭素の吸収など          │
        └───────────────────────────────────────┘
```

図 1.10 4 種類の生態系サービス

のサービスを支える基盤になっている．ただ，それ自体が人間に直接的な恩恵を与えているわけではないので，一般人には理解されにくい面もある．さらに，基盤サービスには生物が少なからず関わっているが，生物が多様であることが必須というわけではない．

(2) 供給サービス

食料や水，木材，燃料，遺伝資源など，生態系が生産する物質的な「財」をいう．なかでも農作物や魚介類などの食料は，もっとも身近なものであろう．豊作や凶作といった自然変動があるのは工業製品とは違う点である．燃料には，薪や木炭などが該当するが，石油などの化石燃料が中心となった現代ではその重要性は低くなった．なお，化石燃料は再生産ができず持続可能ではないので，一般に生態系サービスには含まれない．

遺伝資源とは，遺伝的な機能をもつ生物由来の素材をさし，医薬品や農作物の原種などが含まれる（4.2 節も参照）．医薬品については，抗生物質の約 8 割，抗がん剤の約 6 割が天然の微生物に由来する（Brevik & Sauer 2015）．2015 年にノーベル医学生理学賞を受賞した大村智博士は，40 種類以上の医薬品を微生物から発見したことで有名である．

(3) 調整サービス

降水量や気温の安定化などの気候の調整，病気の蔓延の防止，水質の浄化，害虫の制御，作物の花粉媒介などが含まれる．供給サービスを安定的に維持するための間接的なサービスが多く含まれている．

調整サービスのなかで，その実態がもっとも科学的に解明されているものが**送粉サービス**である．送粉サービスとは，昆虫などの動物が作物の他家受粉の担い手となり，作物生産に寄与することである．地球上の作物の約75%が，動物に花粉の媒介を依存しているという (Rader et al. 2016)．スイカ，キュウリ，カボチャ，リンゴ，ナシ，モモなど枚挙にいとまがない．ソバやコーヒー，アーモンドなども昆虫の送粉サービスに依存している．送粉サービスのおもな担い手は，ミツバチやマルハナバチであるが，作物によってはハエ類や甲虫類などの貢献度も高い．すでに述べた通り，ハエ目は幼虫期に他の生物を餌としているので（16頁参照），送粉サービスは送粉に直接関わりのない多様な生物種によっても維持されている．

(4) 文化的サービス

最後の文化的サービスは，レクリエーション，文化，芸術，精神性など，自然から受ける非物質的な恩恵の総称である．レクリエーションや観光などは，経済活動と関係が深いが，山岳や鎮守の森に対する信仰，俳句や短歌に代表される文学などは，地域文化や個人の精神性の形成に大きな影響を及ぼしてきた．このうち歳時記や俳句の季語は，季節の行事や農事歴を記したもので，多種多様な生物が登場し，生物多様性そのものが重要な役割を果たしている．

文化的サービスの定量化や科学的評価は他の生態系サービスに比べて大きく遅れている．しかし，最近の研究によると，人間のメンタルヘルスの維持や人格の形成に，自然や生き物との触れ合いが少なからず関与していることがわかってきている．これに関しては第7章で少し詳しく紹介する．

(5) 生態系サービスに関する課題

生態系サービスの内容は，非常に多岐にわたる．そのため，生物多様性が直接関与する場合もあるが，作物生産や二酸化炭素の固定のように，必ずしも生物多様性が必須でないものもある．どの生態系サービスに，どれくらいの生物多様性

が必要かという研究はまだ緒についたばかりである．生物多様性の保全の重要性を社会に訴えかけるには，絶滅危惧種の保全だけでなく，私たちの生活を支えている生態系サービスに生物多様性が深くかかわっているという科学的根拠を提示することが必須であろう．

　もう一つの重要な点は，生態系サービス間のトレードオフ（対立関係）である．つまり，ある生態系サービスを高めると別のサービスが低下する場合が少なくない．たとえば，作物や畜産物，木材の生産の場は，生産効率を高めるため単純な生態系になりがちである．そこでは，生物多様性が低下するのはもちろん，水質浄化や土壌形成の機能，送粉や天敵による害虫防除サービスなども低下する．複数の生態系サービスを両立させるには，空間的なゾーニングや環境負荷の少ない生産技術の開発が必要になる．これも今後の生物多様性の研究における重要課題である．第4章の森林施業の項（4.4節 (2)）や，第7章の保護地域や土地利用の議論（7.2節）などで，具体的な説明がある．

第2章

生物多様性の生態学理論

　生態学の理論の役割は，多様な生物からなる複雑な世界のしくみを解き明かすことである．生物の世界のしくみがわかれば，生物多様性の将来を見通したり，人間の生物多様性への関わり方が見えてきたりする．生態学の理論を作る手助けとなるのが，数学を用いた数理アプローチである．生物と数学の結びつきは意外に思えるかもしれないが，数理アプローチを用いることで，生物個体数の将来予測などが可能になる．ここでは，個体群，群集，生態系のふるまいを理解するための初歩的な生態学理論と数理アプローチを紹介する．

2.1　個体群の理論

　生物の個体数は変化する．かつて全国に広く生息していたニホンカワウソは，乱獲や生息場所の破壊のために数を減らし，いまでは絶滅したとされている．逆に，北米からペット用に持ち込まれたアライグマは，野外に逃げ出したり捨てられたりした個体が日本各地に定着し，生態系に大きな影響を与えている．生物の個体数の増減を把握し予測することは，絶滅危惧種を保全したり，外来生物種を管理する上で重要である．たとえばIUCNのレッドリストでは，絶滅危惧のランクを判定する際に，個体数の将来予測に基づいて絶滅確率を推定することが推奨されている（第1章参照）．ここでは，個体数の変化を定式化し個体数の予測に結び付けるための考え方を，簡単な例を用いて説明する．

(1)　個体群動態

　図2.1は1959～1987年にかけての29年分のイエローストーン国立公園（アメリカ合衆国）のハイイログマのメス成体の推定個体数である．開拓者たちが西海

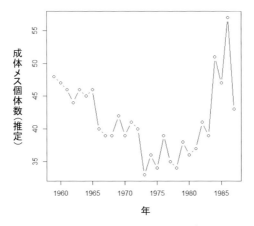

図 2.1 イエローストーン国立公園のハイイログマの個体数変化. Dennis（1991）を改変.

岸に進出する以前の 1800 年頃にはアラスカを除く現在の大陸 48 州にあたる地域で 100000 個体以上がいたとされるが，1975 年頃には 1000 個体以下に減ってしまった（Allendorf & Servheen 1986）．減少のおもな理由は，生息地の消失や狩猟圧や駆除（家畜などを襲うため）である．イエローストーン国立公園の個体群は，かろうじて残った数少ない個体群の一つである．この個体群が将来どのようになっていくのか，図 2.1 のデータをもとに探ってみたい．

a. 個体群成長の基本式と個体群成長率 図 2.1 を見ると，ハイイログマの個体数は毎年増減を繰り返している．ある年（t 年）の個体数を N_t，その翌年（$t+1$ 年）の個体数を N_{t+1} とすると，これら 2 年の個体数の関係は，

$$N_{t+1} = R_t N_t \tag{2.1}$$

と表せる．ここで，R_t は t 年における**個体群成長率**と呼ばれ，$R_t > 1$ だと $t+1$ 年の個体数は t 年より増え，$R_t < 1$ だと減ることになる．また $R_t = 1$ のとき個体数は変化しない．一般に個体群成長率は，個体の出生や死亡，成長，あるいは別の個体群から当該個体群への個体の移出入数などによって決まる．実際に図 2.1 のデータからハイイログマ個体群の R_t を求めてみよう．たとえば，1959 年の個体数（$N_{1959} = 48$）と比べて翌 1960 年の個体数（$N_{1960} = 47$）は減っており，個体群成長率を求めると $R_{1959} = N_{1960}/N_{1959} = 0.979$ となって 1 より小さな値となる．

次に，1959〜1987 年にかけての個体群成長率の平均の値（平均個体群成長率）

を求めてみる．式（2.1）の関係を，1959 年を初期値として表現すると，漸化式の要領で以下のように変形される．

$$N_{1987} = R_{1986} \cdot N_{1986} = (R_{1986} \cdot R_{1985} \cdot \cdots \cdot R_{1959}) \cdot N_{1959}$$

つまり 1987 年と 1959 年の個体数（N_{1987} と N_{1959}）の関係は

$$N_{1987} = (R_{1986} \cdot R_{1985} \cdot \cdots \cdot R_{1959}) \cdot N_{1959} \tag{2.2}$$

と書ける．この式から，1987 年の個体数は，1959 年の個体数に 1959 年から 1986 年の計 28 個の個体群成長率を順に掛けていったものとして表せる．ここで，平均個体群成長率（以下 R と呼ぶ）を求めるために，1987 年の個体数が 1959 年の個体数に R を 28 回掛けたものとして表せるとしよう．つまり，

$$N_{1987} = R^{28} \cdot N_{1959} \tag{2.3}$$

と考える．式（2.2）と（2.3）を見比べると，$R^{28} = R_{1986} \cdot R_{1985} \cdot \cdots \cdot R_{1959}$ という関係が成り立っている．この関係を使って平均個体群成長率は，

$$R = (R_{1986} \cdot R_{1985} \cdot \cdots \cdot R_{1959})^{\frac{1}{28}} \tag{2.4}$$

と計算できる．つまり，平均個体群成長率は全個体群成長率の幾何平均（相乗平均）として求められる（算術平均ではないことに注意しよう）．図 2.1 のデータから平均個体群成長率を求めると，$R = 0.996$ となる．

b. 決定論的な将来予測 では，1987 年以降の個体数はどうなっていくのだろうか．ここでも式（2.1）が活躍する．しかし，1987 年以降については R_t が不明である．そこで，R_t（$t = 1987, 1988, \cdots$）の代わりに，上で求めた 1959 年から 1987 年までの平均個体群成長率 $R = 0.996$ を用いることにする．つまり，$t = 1987, 1988, \cdots$ の年については，

$$N_{t+1} = R \cdot N_t \tag{2.5}$$

とするのである．すると，将来のある年 T（$T \geq 1988$）における個体数は

$$N_T = R \cdot N_{T-1} = R^2 \cdot N_{T-2} = \cdots = R^{(T-1987)} \cdot N_{1987} \tag{2.6}$$

と予測できる．こうして計算した 1987 年から 100 年後の将来までの個体数を図 2.2 に示した．イエローストーンのハイイログマは漸減していき，100 年後には 30 個体弱になることがわかる．一般に，式（2.5）において $R<1$ だと個体数は毎年減り，$R>1$ だと毎年増える．$R=0.996$ の代わりに $R=0.95$ を用いてみると，個体数はより顕著に減少し 100 年後に個体群は絶滅してしまう（図 2.2）．逆に $R=1.01$ だとしたら，100 年後の個体数は 3 倍ほどに増える（図 2.2）．

c. 確率論的な将来予測と絶滅リスク しかし，この将来予測には考慮されて

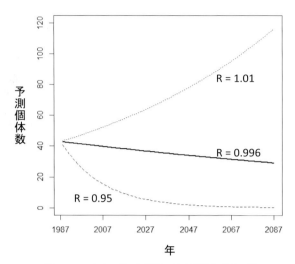

図 2.2 ハイイログマ個体数の決定論的な将来予測.

いない現実がある．実データを示した図 2.1 と，平均個体群成長率を用いた将来個体数の予測（図 2.2）を見比べてみよう．図 2.1 の個体数変化には大小の増減が見られるが，図 2.2 の将来個体数の変化率は一定である．つまり，現実の個体数変化に見られる確率変動が図 2.2 の予測では考慮されていないのである．平均個体群成長率を用いた予測だと 100 年後にも 30 個体近くが残っている（図 2.2）が，毎年の個体群成長率が変化するなら，個体群成長率が低い年が何年か続くと 100 年経たなくても個体数は 30 個体を大きく下回るかもしれない．

　個体数の確率変動を考慮した将来予測を行う方法にはいくつかあるが，ここではもっとも簡便な方法を紹介する．いま，1959～1987 年の個体数データから 28 個の個体群成長率 $\{R_{1959}, R_{1960}, \cdots, R_{1986}\}$ が得られている．そこで，1988 年以降の R_t として，これら 28 個の $\{R_{1959}, R_{1960}, \cdots, R_{1986}\}$ からランダムに一つずつ抽出した値を用いながら（同じ値が複数回抽出されてもよいとする），将来個体数を式(2.1) によって順次計算していくのである．たとえば，ランダムに抽出した R_t が図 2.3a のようになったとき，1988 年以降 100 年間の将来個体数は図 2.3b のように変動する．この将来予測では，1959～1987 年にかけてのハイイログマ個体数の変動要因と共通の要因が，1987 年以降の個体数をも左右すると考えている．ただし，その変動要因の出現順序はランダムであることが仮定されている．

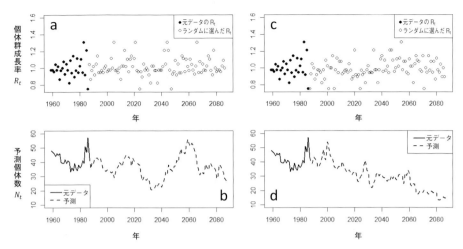

図 2.3 ハイイログマ個体数の確率論的な将来予測.
a, c：元データからランダムに選んだ個体群成長率. b, d：それぞれ a と c で選んだ個体群成長率を用いてシミュレーションした予測個体数.

図 2.3b の将来個体数の時系列は一つの例にすぎない．もしランダム抽出した R_t が図 2.3c のようだとすると，将来の個体数は図 2.3d となる．つまり，ランダム抽出した R_t の並びによって，無数の異なる将来個体数の時系列が得られるのである．図 2.4 は 100 年先までの将来個体数の時系列を 10000 回分計算して描画したものである．数多くの将来個体数の時系列を合わせて解析することで，将来個体数のふるまいの一般的な傾向を見出すことができるのである．

図 2.4 の 100 年先までの将来個体数の時系列 10000 回分について，各時系列における最小個体数がどのような分布をするのか見てみよう．最小個体数が 1 未満となった時系列では，個体群の絶滅が起きたと考えることにする．図 2.5 に最小個体数の累積分布曲線を示す．これを見ると，10000 回の時系列のうち絶滅が起きた時系列は 0.2 ％，個体数が 5 個体未満となる時系列は 9 ％，10 個体未満となる時系列は 26 ％ほどである．つまり，イエローストーン国立公園のハイイログマ個体群が 100 年後の 2087 年以前に絶滅する可能性は高くはないが，10 個体を下回ってしまう可能性は十分にある．

1975 年，アメリカ合衆国魚類野生生物局はアラスカを除く大陸 48 州におけるハイイログマを Endangered Species Act（絶滅の危機に瀕する種の保存に関する法律）のリストに加え，保全活動の対象に指定した．それ以降，イエロース

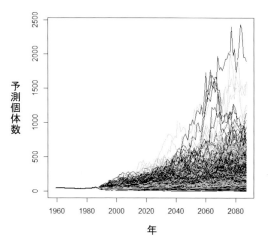

図 2.4 ハイイログマ個体数の確率論的な将来予測.
元データからランダムに選んだ個体群を用いてシミュレーションした予測個体数. 10000 回分のシミュレーション結果を図示した. 黒とグレーの実線があるのは見やすさのため.

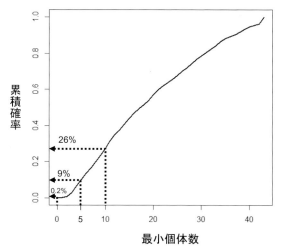

図 2.5 ハイイログマの最小予測個体数の累積分布曲線.
図 2.4 の 10000 個の時系列中の最小個体数の累積分布.

トーン国立公園のハイイログマは徐々に個体数を回復した. そこで保全活動は成功し絶滅の心配がなくなったとして, この個体群は 2015 年にリストから除外された. しかし, その是非には賛否両論があり, 今も議論が続いている.

(2) ステージ構造のある個体群のモデル

アカウミガメは，世界の海洋に広く分布するが，個体数を大きく減らし，IUCNの絶滅危惧II類に指定されている．生息する海洋域によって大きく六つの個体群（地域管理単位，Wallace et al. 2010）に分けられ，日本の太平洋沿岸は北太平洋域を利用する個体群の主要産卵地となっている．そのためか，日本のニュースなどでは産卵地となる海浜の保全や人工孵化，孵化後幼体の放流などの保護活動が話題になることが多い．

北米の大西洋岸でも，北西大西洋の個体群の保全のために，産卵巣のある海浜の保全や卵の人工孵化などを通して，卵や孵化後幼体の生存率を高める対策がとられてきた．しかし，雑食性でありエビやカニなどの底生動物なども食べるアカウミガメの成体や亜成体が，底引き網漁に混獲され死亡する例も多く報告されている．個体群の減少の要因が幼体や成体といった生活史ステージによって異なる場合，それらの要因の相対的な重要性を評価し，どの生活史ステージをより重点的に保全するのが有効かを検討することが大切である．

a. 行列個体群モデル 行列個体群モデルは，一つの個体群を異なる生活史ステージに分け，個体群動態を扱う数理モデルである．異なる生活史ステージは年齢や体サイズの違いによって区別することが多い．行列個体群モデルを用いることで，ステージによって異なる生存率や成長率，産卵・産仔数が，どれほど個体群成長に影響するかを評価できる．行列個体群モデルではメスの個体数のみに焦点をあて，オスの個体数は考慮しないことが多い．それは，個体群全体での産卵数や産仔数はメス個体数に大きく依存して決まり，オス個体数の影響はほぼ無視してよい場合が多いためである．

Crowder et al. (1994) は，アカウミガメの生活史を体サイズ（背甲長）をもとに五つのステージに分けた（図2.6）．さらに，各ステージに属する個体の年間生存率や，次のステージへ成長する推移率（年あたり），亜成体や成体の産卵数を推定した（Crouse et al. 1984）．ここではメスの個体数のみを考慮している．図2.6では，たとえば，ある年の「卵」ステージの個体が翌年まで生存し「幼体（小）」のステージへと成長する確率が0.675となっている．また「幼体（小）」ステージの個体が翌年まで生存し同じステージに残留する（次のステージに推移するほどには成長しない）確率は0.703であり，成長して次のステージに推移する確率は0.047である．産卵数に関しては，たとえば「成体」の1個体は

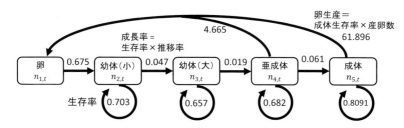

図 2.6 アカウミガメの生活史ステージと生活史パラメータ．
$n_{i,t}(i=1,\cdots,5)$ は各生活史ステージの個体数．

0.8091 の確率で翌年まで生存して 76.5 個体の「卵」を残すので，期待値としては 61.896 個の「卵」を翌年に残すことになる．

　ここで，ある年 t における各ステージの個体数を $n_{i,t}(i=1,\cdots,5)$ とすると，翌 $t+1$ 年の各ステージの個体数 $n_{i,t+1}$ が生存率，成長率，産卵数といった**生活史パラメータ**を用いて次のように計算できる．

$$n_{1,t+1}=4.665\cdot n_{4,t}+61.896\cdot n_{5,t} \tag{2.7a}$$
$$n_{2,t+1}=0.675\cdot n_{1,t}+0.703\cdot n_{2,t} \tag{2.7b}$$
$$n_{3,t+1}=0.047\cdot n_{2,t}+0.657\cdot n_{3,t} \tag{2.7c}$$
$$n_{4,t+1}=0.019\cdot n_{3,t}+0.682\cdot n_{4,t} \tag{2.7d}$$
$$n_{5,t+1}=0.061\cdot n_{4,t}+0.8091\cdot n_{5,t} \tag{2.7e}$$

式（2.7a）は「亜成体」と「成体」による「卵」の生産（繁殖）を表している．「亜成体」1 個体が生産する「卵」は 4.665 個なので，ある年 t では全部で $4.665\cdot n_{4,t}$ 個の「卵」を「亜成体」ステージが生産することになる．同じように，「成体」1 個体が生産する「卵」は 61.896 個なので，全部で $61.896\cdot n_{5,t}$ 個の「卵」を「成体」ステージが生産する．「亜成体」が生産する $4.665\cdot n_{4,t}$ 個と「成体」が生産する $61.896\cdot n_{5,t}$ 個の合計が，翌 $t+1$ 年の「卵」個体数となっている．

　式（2.7b）は，「卵」の成長と，同じステージに残留する「幼体（小）」により，翌年の「幼体（小）」の個体数が決まる様子を表している．t 年の「卵」$n_{1,t}$ 個のうち，生存して「幼体（小）」のステージへ成長するのが $0.675\cdot n_{1,t}$ 個体であり，t 年の「幼体（小）」$n_{2,t}$ 個体のうち，生存するが十分成長できずに同じステージに残留するのが $0.703\cdot n_{2,t}$ 個体である．これらの合計が $t+1$ 年の「幼体

(小)」個体数となる．式 (2.7c)〜(2.7e) も同じ仕組みを表している．

さて，式 (2.7) は五つの式から構成されているが，このようなステージ構造のある個体群の動態式は，ベクトルと行列を用いて表記することができる（それゆえ行列個体群モデルとよばれる）．この表記には多くのメリットがあり，表記が簡単になることのほかに，個体群の成長率や，生活史パラメータの値の変化の影響を簡単に計算できるようになる．

ベクトルとは，いくつかの数値を縦（または横）に並べてまとめたものである．行列個体群モデルでは，各ステージの個体数を縦に並べたベクトル（個体数ベクトル）を用いる．アカウミガメの個体数ベクトルを N_t とすると，

$$N_t = \begin{pmatrix} n_{1,t} \\ n_{2,t} \\ n_{3,t} \\ n_{4,t} \\ n_{5,t} \end{pmatrix} \quad (2.8)$$

と書ける．一方，行列とはいくつかの数値を縦と横の2次元にならべてまとめたものである．行列個体群モデルでは生活史パラメータを並べた個体群推移行列 $\mathbf{A}$ を用いる．アカウミガメの場合だと，

$$\mathbf{A} = \begin{pmatrix} 0 & 0 & 0 & 4.665 & 61.896 \\ 0.675 & 0.703 & 0 & 0 & 0 \\ 0 & 0.047 & 0.657 & 0 & 0 \\ 0 & 0 & 0.019 & 0.682 & 0 \\ 0 & 0 & 0 & 0.061 & 0.8091 \end{pmatrix} \quad (2.9)$$

と書ける．これらの個体数ベクトル N_t と個体群推移行列 $\mathbf{A}$ を用いれば，五つあった式 (2.7) は，

$$N_{t+1} = \mathbf{A} N_t \quad (2.10)$$

と一つの式にまとめて書ける．

b. 最大固有値：行列個体群モデルの個体群成長率　　式 (2.10) の形に見覚えはないだろうか．これはハイイログマの個体群動態を記述するときに用いた式 (2.5) と似た形をしている．式 (2.5) の単純な個体群モデルでは，個体群成長率 R と1との大小関係によって，個体群の増減が決まるのであった（個体群サイズは $R>1$ のとき増加，$R<1$ のとき減少，$R=1$ のとき変化しない）．これと

似た考えを式 (2.10) に用いることができる．ただし，**A** は行列なので 1 との大小関係を考えることができない．その代わりに用いるのが行列 **A** の最大固有値（優勢固有値）λ と呼ばれるものである．λ は行列 **A** から計算され，行列個体群モデルの個体群成長率を与える．つまり，$\lambda>1$ のとき個体群サイズは増加，$\lambda<1$ のとき減少，$\lambda=1$ のとき変化しない，となる．ただし，行列 **A** から計算した λ の通りに個体群が成長するのは，十分時間が経ったあとである．そのため，たとえ $\lambda>1$ であっても最初の数年の間は個体群サイズの減少が見られることがある．

アカウミガメの個体群推移行列 **A** の最大固有値 λ を求めると $\lambda=0.952$ となる．つまり個体群サイズは減少していくと予測できる．実際に式 (2.10) を用いて各ステージの個体数を 40 年分計算した結果（図 2.7）を見てみると，最初の数年は一時的に個体数が増えるステージもあるが，十分時間が経ったあとにはどのステージの個体数も一様に減少している．この予測は，個体群成長率の確率変動を考慮していないので，決定論的な将来予測である．行列個体群モデルでも，生活史パラメータの確率変動などを組み込んで，確率論的な将来予測を行うことができ，希少生物の絶滅確率を計算する際によく用いられる．

c. 弾性分析：どの生活史ステージを保全すべきか　　最大固有値 λ からはアカウミガメの個体群サイズの減少が予測されたわけだが，この減少を和らげたり，あるいは増加に転じさせたりするには，どのような保全策が有効だろうか．その答

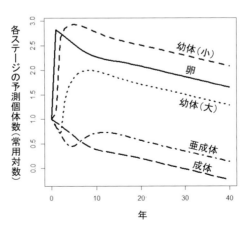

図 2.7　アカウミガメの各ステージの予測個体数．初期個体数はどのステージでも 10 とした．

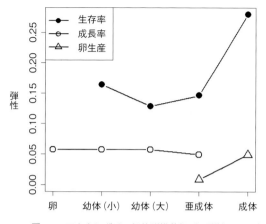

図 2.8 アカウミガメの個体群推移行列の弾性.

えを導くのに役立つのが，行列個体群モデルの**弾性分析**（elasticity analysis）である．弾性分析から，個体群推移行列の生活史パラメータを変化させたときに，個体群成長率がどれくらい変化するのかがわかる．ある生活史パラメータ a に対する個体群成長率 λ の弾性は，

$$ 弾性 = \left(\frac{\lambda の微小変化量}{\lambda}\right) \bigg/ \left(\frac{a の微小変化量}{a}\right) \tag{2.11}$$

と定義される．つまり，生活史パラメータ a の値がもとの値に対してある微小割合だけ変化したときに，個体群成長率 λ がもとの値に対してどれだけ変化するかを表しているのが弾性である．たとえば，成体の生存率が 1% 増えたときに個体群成長率は何%変わるのか，を示した尺度だと考えればよい．

アカウミガメの行列個体群モデルの弾性分析の結果を図 2.8 に示す．目を引くのは，成長率や卵生産に対する弾性と比べて生存率（とくに成体の生存率）に対する弾性が高いことである．Crouse et al.（1987）が導いたこの結果は，アカウミガメの保全には漁業にともなう成体の混獲死亡を減らすことが効果的であることを示している．これを受けて，底引き網にはカメ排除装置（網に入ったカメの脱出を容易にする装置）の設置が法律で義務づけられるようになった．

(3) 空間構造のある個体群のモデル

ハイイロクマやアカウミガメの個体群モデルは，単一の個体群の動態を扱った

ものである．しかし実際には，複数の個体群が異なる場所に点在し，個体が個体群間を移動分散することによって，離れた場所の個体群どうしが連結している場合がある．このように個体の移動分散によって結ばれた複数の個体群の集まりを**メタ個体群**（metapopulation）とよぶ．

メタ個体群の考え方は生物の存続可能性を考える上で重要である．たとえば，複数の個体群の間で個体のやりとりがあると，仮に一つの個体群が絶滅したとしても，ほかの絶滅していない個体群からやってきた個体が絶滅した個体群を再建することができる．

フィンランドのオーランド諸島に棲むチョウ，グランヴィルヒョウモンモドキのメタ個体群は，Hanskiらによって詳しく研究され，メタ個体群理論を大きく発展させることになった．このチョウが利用する食草はパッチ状に点在し，一つの食草パッチが一つの個体群を支えている．食草パッチは無数にあり，あるパッチを占有していた個体群が何らかの理由で絶滅することもあれば，個体群が絶滅して空いた食草パッチに別の個体群から飛んできた成虫が新規個体群を設立することもある．

a. Levinsのメタ個体群モデル　このようなメタ個体群の動態を記述する数理モデルとして，**Levinsモデル**が知られている．グランヴィルヒョウモンモドキのように，ある生物種の生息場所が無数の個別のパッチに分かれており，一つのパッチが個体群一つを支えることができ，個体の移動で個々のパッチが結び付いているとしよう．パッチを個体群の在・不在で区別し，個体群のいるパッチを占有パッチ，個体群のいないパッチを空きパッチと呼ぶ．すべてのパッチのうちの占有パッチの割合を P とすると，P の時間変化は次のように表せる．

$$\frac{dP}{dt}=cP(1-P)-eP \tag{2.12}$$

この式は微分方程式と呼ばれる形をしている．微分方程式を用いれば，興味のある変数（今の場合は P）の微小時間における変化量を記述することで，その変数の時間変化を調べることができる．式 (2.12) の左辺の記号 dP/dt は P の微小時間での変化量を表している．右辺は変数 P の微小時間変化量がどのようなプロセスで決まるかを表している．右辺の第1項 $cP(1-P)$ は，空きパッチへのほかの個体群からの移入が新規個体群を設立するプロセスで，微小時間あたりに変数 P が増える量を表す．この項は，空きパッチが占有パッチへと変化して P が

増えるので，空きパッチの割合 $1-P$ に比例し，また占有パッチからやってくる個体が多いほど新規個体群も設立されやすいので，P にも比例した形になっている．この比例定数 c は移入により新規個体群が設立される速度を決めるので，移入率と呼ばれる（$c>0$）．右辺の第 2 項 $-eP$ は，占有パッチにある個体群が絶滅するプロセスで，変数 P が減る量を表している．この項は，1 個体群あたり一定の率で絶滅が起こるために P に比例しており，比例定数 e は絶滅率と呼ばれる（$e>0$）．

微分方程式（2.12）を分析して，移入率 c や絶滅率 e がメタ個体群の占有パッチ割合 P にどのような影響を与えるのか調べてみよう．微分方程式で記述される変数のふるまいは，変数が**平衡状態**（equilibrium state）と呼ばれる状況にあることを仮定して調べられることが多い（章末のコラム 2）．平衡状態とは，変数の微小時間あたり変化量が 0 である状態をさす．式（2.12）では $dP/dt=0$ の状態に相当する．このとき，式（2.12）の右辺が 0 となることから，

$$c\overline{P}(1-\overline{P})=e\overline{P} \tag{2.13}$$

が成立する．$\overline{P}$ は平衡状態での P の値である．この等式が意味しているのは，平衡状態にあっては，新規個体群の設立による P の変化量（$c\overline{P}(1-\overline{P})$）と既存個体群の絶滅による P の変化量（$e\overline{P}$）が等しいということである．つまり，個体群の新規設立と絶滅の量がバランスするときに，平衡状態が成立する．

オーランド諸島のグランヴィルヒョウモンモドキは，既存個体群の絶滅，新規個体群の設立を繰り返しながら，メタ個体群全体としては種の存続が維持されている．Levins モデル（式 2.12）において，種が存続するとはどういうことだろうか．もし平衡状態において $\overline{P}>0$ であれば，つねに一定割合のパッチが個体群に占有されていることを意味しているので，このメタ個体群は存続しているといってよい．さて，式（2.13）は $\overline{P}$ について解くことができて，その解として

$$\overline{P}=\begin{cases} 0 \\ 1-\dfrac{e}{c} \end{cases} \tag{2.14}$$

の二つが得られる．$\overline{P}=0$ は占有パッチが皆無である状態を表しており，すべての個体群は絶滅している．このとき，当然のことながら，個体群の新規設立も絶滅も起こらない（$cP(1-P)=eP=0$）．もう一つの解 $\overline{P}=1-\dfrac{e}{c}$ について考えてみる．もし $\overline{P}=1-\dfrac{e}{c}>0$ であれば，平衡状態において占有パッチが一定割合だけ

存在しているので，メタ個体群は存続している．逆にいえば，メタ個体群が存続するためには$c>e$でなければならない．これは，メタ個体群の存続のためには移入率が絶滅率を上回っている必要があるということを意味しており，直感的にも納得できる．また，$\overline{P}=1-\frac{e}{c}$から，移入率が大きいほど，また絶滅率が小さいほど，メタ個体群が存続しているときの占有パッチ割合が高くなることがわかる．

Levinsモデルで表現されるメタ個体群とは，一つ一つがランダムに明滅を繰り返す電球が集まったイルミネーションのようなものである．灯りの点いた電球は個体群が占有するパッチ，消えた電球は空きパッチである．個々の電球は消えるときもあるが，イルミネーション全体ではどこかしらで灯りがいつも維持されている．Levinsモデルのメタ個体群でも，個々の個体群は絶滅することもあるが，メタ個体群全体では一定割合の個体群が維持され，種が存続している．個々の個体群のダイナミックな明滅が，メタ個体群を維持していることになる．

b. Levinsモデルの注意点 Levinsモデルは，簡単な微分方程式で表せ，解析が容易であり，その結果も個体群の絶滅と再設立の繰り返しで維持されるメタ個体群の特徴をよくとらえていることから，メタ個体群理論の代表的存在として扱われてきた．しかし，モデルの簡便さと引き換えに，現実のメタ個体群を大きく単純化した仮定をおいていることに注意しておきたい．Levinsモデル（式2.12）の重要な仮定は次の四つである．①パッチは無数にある．②すべてのパッチの生息環境や大きさは同じである．③どのパッチもほかのすべてのパッチと同程度に連結している（個体の移動分散のしやすさにパッチ間の差はない）．④モデルのなかで個体群の絶滅や空きパッチへの個体の移入が起きている速度と比べ，パッチ内での個体群動態の速度はずっと速い（空きパッチに個体が移入して設立された個体群は，次の絶滅・移入イベントより早く環境収容力に達している）．

c. 現実のメタ個体群とその類型化 現実のメタ個体群はもっと多様で，Levinsモデルの仮定は収まりきらない．Harrison（1991）は実際のメタ個体群を類型化し，そのなかでLevinsモデルを位置づけた（図2.9）．この図でLevinsモデルに対応するのが「古典的」構造と名づけられたメタ個体群である．実際のメタ個体群では，パッチの大きさにばらつきがあり，個体群の絶滅が起こらないほど大きなパッチがある場合もあり，これは「**大陸-島**（mainland-island）」構造

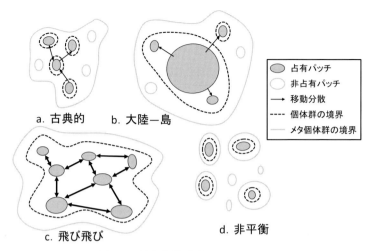

図 2.9 メタ個体群の類型.
Aycrigg & Garton（2014）を改変.

と呼ばれる．また，局所的な個体の集まりがパッチ状に点在しているが，頻繁に個体が移動分散するためにそれぞれの集まりごとに個体群動態が独立せず局所的な絶滅も起こりにくいメタ個体群は「飛び飛び」構造と呼ばれる．最後に，個体群がパッチ状に点在しメタ個体群のようには見えるものの，パッチ間で個体の移動分散が行われず，各個体群の動態が完全に独立している「非平衡」構造と呼ばれるものもある．この場合，個体群の絶滅が起きても新規個体群の再建は行われないので，メタ個体群は移入と絶滅のバランスがとれた平衡状態に達することなく絶滅に向かっていると考えられる．もちろん，現実のメタ個体群には，これら四つの類型の中間的な構造をとっているものもある．

　Levins モデルの仮定が厳密に適用できる現実のメタ個体群は少ないが，実際のメタ個体群に適用できるより現実的なメタ個体群モデルが開発され，空間構造をもつ個体群の保全に役立っている．たとえば Lande（1987，1988）は Levins モデルを，縄張りをもつ種の個体群動態に適用できるようにし，北米のマダラフクロウの保全に必要な森林面積の計算に役立てた．また Hanski ら（Hanski 1994, Hanski & Ovaskainen 2000）はパッチサイズやパッチ間距離のばらつきを考慮したモデルを構築し，**存続可能な最小メタ個体群サイズ**（minimum viable metapopulation size）やメタ個体群が維持されるのに必要な生息パッチの空間分

布を計算する**メタ個体群収容力**（metapopulation capacity）の概念を提唱した．これらをイギリスの蝶類に適用した Bulman et al.（2007）は多くの蝶類のメタ個体群が絶滅の危機に瀕していることを示した．

2.2　群集・生態系の理論

　ここまで単一種の個体群について考えてきたが，今度は複数の種が相互作用する群集や生態系を考えよう．複数種の相互作用は，簡単には予測できないような意外な現象を生み出す場合がある．それは生態学の醍醐味であると同時に保全管理上の重要な示唆を与えてもくれる．この節では，メソプレデターリリースとレジームシフトという二つの現象の例を挙げ，群集動態と生態系動態の理論の一端を紹介する．

(1)　トリを守るネコ？

　トリを捕まえて食べたり遊んだりするネコは思い浮かぶが，トリを守るネコの姿はふつう想像しないのではないだろうか．実際，それまでネコのいなかった島の生態系では，人が持ち込んだネコが，島で営巣するウミドリを減らしたり絶滅させたりした例が多く知られている．ウミドリの保全のためにネコを駆除することもしばしばである．しかし，ネコを駆除すると，ウミドリの数がむしろ減ってしまうこともある．

　ニュージーランドの島に棲むハジロシロハラミズナギドリは，ヒトがこの島に持ち込んだネコによる捕食にさらされ，絶滅が懸念されていた（図 2.10，1972～1980 年）．そこで，ワナや探索犬，毒エサなどを使ってネコが駆除された．しかし，意外にもネコがいなくなった島でミズナギドリの数はさらに減り続けた（図 2.10，1981～2004 年）．そこで浮かび上がってきたのが，別の外来生物であるナンヨウネズミによるミズナギドリの捕食である．このネズミはミズナギドリのひなや卵を襲う．ネコがいたときには，ネコの捕食によってネズミの数が抑えられていたが，ネコが駆除されたためにネズミが増えてしまったようである．そのために，ミズナギドリの数は期待に反して減ってしまったと考えられる．そこで，ナンヨウネズミの駆除が行われた．毒エサを飛行機で撒き，島から

2.2 群集・生態系の理論

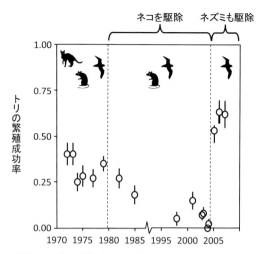

図 2.10 ネコやネズミの駆除のトリへの影響.
Rayner ら（2007）を改変．縦棒は標準誤差．

ネズミが駆除された．その結果，ネコもネズミもいなくなった島で，ミズナギドリの数は増え始めたのである（図 2.10, 2005〜2007年）．つまり，この場合のネコは，ネズミによる捕食からミズナギドリを間接的に「守っていた」といってもよい（Courchamp et al. 1999, Rainer et al. 2007）．

a. メソプレデターリリース この島で起きたネコが減ってネズミが増えるような現象を，メソプレデターリリースと呼ぶ．メソとは「中位の」の意味で，ミズナギドリの例ではネズミがメソプレデター（中位捕食者）である（図 2.11）．上位捕食者は，中位捕食者と共通の被食者を食べているだけでなく，中位捕食者も餌として利用している．このような種間関係からなる生物群集において，なんらかの理由で上位捕食者がいなくなると，上位捕食者からの捕食圧や上位捕食者との餌をめぐる競争から解放（リリース）されて，中位捕食者が個体数を大きく増やすことがある．その結果，中位捕食者の餌である共通被食者が，上位捕食者がいたときよりもさらに強い捕食圧を被るのである．

実際にメソプレデターリリースが起きて餌生物が減っている例は少なくない．北米では，生息地の破壊によってコヨーテのような上位捕食者の数が減った結果，スカンクやアライグマ，ネコといった中位捕食者が増え，草むらで巣を作る鳥類の種数が減っているという報告がある（Crooks & Soule 1999）．また，海洋

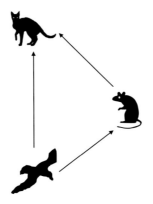

図 2.11 上位捕食者―中位捕食者―共通被食者の種間関係.
ネコが上位捕食者,ネズミが中位捕食者(メソプレデター),
トリが共通被食者.矢印は被食者から捕食者へ向かう.

の生物群集では,延縄漁業にともなう混獲によって大型のサメ(上位捕食者)が減り,大型サメに捕食されていたエイや小型のサメ(中位捕食者)の数が増え,中位捕食者の餌であるイタヤガイが激減した例がある(Myers et al. 2007).このイタヤガイの減少は著しく,イタヤガイを採集する漁業が閉鎖されることにもなった.

しかし,図2.11のような食う―食われる関係の生物群集において,上位捕食者がいなくなった際にメソプレデターリリースがつねに起こるわけではない.ネコとネズミとウミドリのいる島で,ウミドリの保全のためにネコの個体数を減らしたが,メソプレデターリリースは起きず,ウミドリの回復が見られた例もある.上位捕食者が減少あるいは絶滅したときに,メソプレデターリリースが起きたり,起きなかったりするのはなぜだろうか.

b. メソプレデターリリースの数理モデル　メソプレデターリリースが起きたり,起きなかったりする理由を探るために,簡単な数理モデルを作って解析してみよう.ここでは再び微分方程式を用いる.上位捕食者,中位捕食者,共通被食者の個体群密度をそれぞれ C, R, B とする.ただし,上位捕食者の個体群密度は,駆除や生息地の破壊といった人間活動の影響を受けて定まるパラメータだと考え,その変化を表す微分方程式は作らない.すると,中位捕食者と共通被食者(以下,共通餌とする)の個体群密度の変化を表す微分方程式はそれぞれ次のように書ける.

2.2 群集・生態系の理論

$$\frac{dR}{dt} = r_R\left(1 - \frac{R}{K_R}\right)R \tag{2.15a}$$

$$\frac{dB}{dt} = r_B\left(1 - \frac{B}{K_B}\right)B \tag{2.15b}$$

両式はともにロジスティック方程式と呼ばれる式の形をしている（章末のコラム1）．r_R と r_B はそれぞれ中位捕食者と共通捕食者の**内的自然増加率**である．K_R と K_B はそれぞれ中位捕食者と共通餌の**環境収容力**であるが，その大きさは他種の個体群密度 C, R, B の影響を受けて次のように変化すると考える．

$$K_R = \kappa_R(1 - \alpha_R C + bB) \tag{2.16a}$$

$$K_B = \kappa_B(1 - \alpha_B C - aR) \tag{2.16b}$$

微分方程式モデル（2.15）の平衡状態を考えることにする（章末のコラム2）．ここでの平衡状態とは，図2.11の食う—食われる関係のバランスがとれて，中位捕食者と共通餌の個体群密度が一定の値を維持している状態と考えればよい．平衡状態における中位捕食者と共通餌の個体群密度は，式（2.15）の右辺を0とした連立方程式を解けば求められる．中位捕食者と共通餌が共存している平衡状態に着目して，そこでの両者の個体群密度を求めてみると，

$$\overline{R} = \frac{\kappa_R[1 + b\kappa_B - (\alpha_R + b\kappa_B\alpha_B)C]}{1 + ba\kappa_R\kappa_B} \tag{2.17a}$$

$$\overline{B} = \frac{\kappa_B[1 - a\kappa_R + (a\kappa_R\alpha_R - \alpha_B)C]}{1 + ba\kappa_R\kappa_B} \tag{2.17b}$$

となる．

c. メソプレデターリリースはいつ起きるのか この平衡状態での個体群密度の式の形から，上位捕食者の減少や絶滅によって，メソプレデターリリースと共通餌の減少が起こるかどうかの条件が見いだせる．まず，式（2.17a）では C が増えると $\overline{R}$ は減るので，上位捕食者の減少にともない中位捕食者はつねに増加することがわかる（図2.12上段）．一方，式（2.17b）からは，共通餌がどうなるのかは次の二つの条件に依存することがわかる．

$$a\kappa_R > \frac{\alpha_B}{\alpha_R} \tag{2.18}$$

$$a\kappa_R > 1 \tag{2.19}$$

もし，条件（2.18）が成り立てば，上位捕食者が減少すると共通餌も減少する

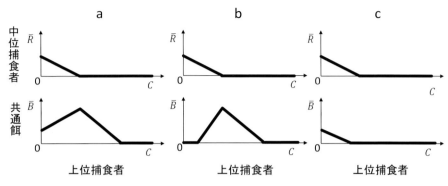

図 2.12 上位捕食者の増減に対する中位捕食者と共通餌の応答．
a：上位捕食者が減少すると共通餌は減少するが絶滅には至らない場合．b：上位捕食者の減少とともに共通餌が減少し絶滅する場合．c：上位捕食者が減少すると共通餌が増える場合．どの場合も上位捕食者が減ると中位捕食者は増える．また上位捕食者と共通餌だけの場合（中位捕食者は絶滅している）には上位捕食者が減ると共通餌は増える．

（図2.12a）．さらに，条件（2.19）が成り立てば，上位捕食者が一定密度以上いないと，共通餌が絶滅する（図2.12b）．条件（2.19）が成り立たないときには，上位捕食者の減少にともない，共通餌は増加する（図2.12c）．

では，条件（2.18）と条件（2.19）にはどんな生物学的意味があるのだろうか．両式の左辺に現れる $a\kappa_R$ に注目してみよう．$a\kappa_R$ が大きいほどどちらの条件も成立しやすくなる．a は中位捕食者が共通餌に与える捕食圧の大きさである．この捕食圧が大きいほど共通餌が減りやすいのは道理だろう．

一方，κ_R は上位捕食者や共通餌がいないときの中位捕食者の環境収容力の大きさである．この環境収容力は，たとえば共通餌以外の餌が豊富だったりすると，大きくなるだろう．すなわち，共通餌の減少は，中位捕食者の共通餌以外の餌が豊富なときに起こりやすいと予測できる．この予測は，メソプレデターリリースが共通餌の減少を引き起こした現実のケースと合致している．たとえば，先に紹介したコヨーテの減少によるメソプレデターリリースでは，アライグマなどの中位捕食者たちはヒトが出す生ゴミなどをエサとして利用していることが知られている．つまり，生ゴミによって κ_R が高くなったことが，共通餌の減少を引き起こした可能性が考えられる．

(2) 生態系のレジームシフト

　生態系の「レジーム」とは，生態系の構造と機能がどんな状態にあるのかを指して用いる用語である．あるレジームをとっていた生態系が別のレジームへと急激に移行することを**レジームシフト**（regime shift）と呼ぶ．たとえば，現在サハラ砂漠が広がるアフリカ大陸北西部では，数千年前，地球の公転軌道の変化にともなう日射量の緩やかな減少がある閾値を下回ったときに，植生の多いレジームから砂漠が卓越するレジームへのシフトが急速に起きたことがわかっている．サンゴ礁でも，サンゴの卓越したレジームから大型藻類が優占するレジームへのシフトが起きる（詳しくは第5章を参照）．また，栄養塩が多く流入する浅い湖沼は2種類のレジームを取りうることが知られている．一つは，植物プランクトンが多く湖は濁り，沈水植物や動物プランクトンが少なく，底生動物食の魚が魚類群集を優占した状態である．もう一つは，湖底に沈水植物（たとえばシャジクモやフラスコモなど）がよく生育し，植物プランクトンは少なく水は澄んで，動物プランクトンや魚食魚が多い状態である．水が澄んで沈水植物が多いレジームにある湖で富栄養化が徐々に進むと，栄養塩負荷量がある値を超えたところで，植物プランクトンが多く水の濁ったレジームへの急なシフトが見られる．

　生態系のレジームが急速に変わると，そのレジームが人間に供給してきた生態系サービスが突然に失われることがある．そのような場合には，生態系レジームシフトを未然に防いだり，あるいはすでに起きたレジームシフトをもとに戻したりする必要が生まれる．本項では，浅い富栄養湖でのレジームシフトとその数理モデルを使って，生態系レジームシフトのしくみと特徴を解説する．

a. 浅い富栄養湖でのレジームシフト

　浅い富栄養湖でレジームシフトが起きるには，次の二つのことが重要である．一つは富栄養化に対する応答が植物プランクトンと沈水植物の間で違うことである．植物プランクトンは，富栄養化が進行するほど成長がよくなる．しかし，沈水植物は，湖の富栄養化が進んでも成長がよくなることはない．

　もう一つは植物プランクトンと沈水植物の間の競合関係である．沈水植物があると，湖底の栄養塩や有機物の湖水への供給が減り，植物プランクトンの成長が抑えられる．その一方で，植物プランクトン量の多い湖では，沈水植物量は少なくなるという関係が見られる．とくに浅い湖では，植物プランクトンがある量を超えると急に沈水植物が見られなくなる．その理由は以下のとおりである．沈水

植物が生育するには，湖底に光が届かなくてはならない．深い湖底ほど届く光の量は減るが，植物プランクトンが多いと，上からの光が遮られ，湖底に届く光の量はさらに減る．岸から沖へと徐々に深くなる湖の場合には，植物プランクトンが増えるにつれ，沈水植物が育たなくなる湖底エリアは深いところから浅いところへとゆるやかに広くなる．しかし，一様に浅い湖の場合には，植物プランクトンが増えるにつれ，湖底に届く光の量が，どの湖底エリアでもほぼ同時に，沈水植物の生育に必要な量を下回る．そのために浅い湖では，植物プランクトンが増えると急に沈水植物が見られなくなるのである．

b．レジームシフトの数理モデル これらのことを組み込んで，湖のレジームシフトの数理モデルを作ってみよう．植物プランクトン量が大きく変化することで湖のレジームシフトが起きるので，植物プランクトン量 A の変化を表す微分方程式を考えよう．

$$\frac{dA}{dt} = r_A \left(1 - \frac{A}{K_A}\right) A \tag{2.20}$$

この式もまたロジスティック方程式（章末のコラム1）の形をしている．植物プランクトンの内的自然増加率が r_A，環境収容力が K_A で表されている．ここでは，環境収容力 K_A は，湖が富栄養化するほど増え（図2.13a），沈水植物量が多いほど減ると考える（図2.13b）．また植物プランクトン量 A が増えると沈水植物量 V は減るとする（図2.13c）．沈水植物量 V への植物プランクトン量 A の影響は，湖の形状（浅い湖か徐々に深くなる湖か）によって変わると考える．徐々に深くなる湖では植物プランクトン量の増加とともに沈水植物量はゆるやかに減る（図2.13c）．逆に浅い湖では，ある植物プランクトン量を境に急に沈水植物量が減る．

これでレジームシフトの数理モデルができあがる．これまでの微分方程式モデルと同じように，このモデルでも平衡状態の解析を行ってみよう（章末のコラム2）．そのためにはまず $dA/dt=0$ となる A の値 $\overline{A}$ を求めればよい．その一つは，

$$\overline{A} = 0 \tag{2.21}$$

である．他の $\overline{A}$ の値は，

$$\overline{A} = \kappa_A \left(\frac{N}{N+h_N}\right) \left\{\frac{h_V}{h_A^\rho/(\overline{A}^\rho + h_A^\rho) + h_V}\right\} \tag{2.22}$$

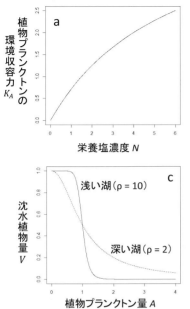
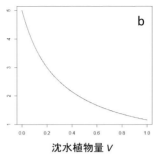

図 2.13 湖のレジームシフトの数理モデルにおける基本的な仮定.
a：栄養塩濃度が増えると植物プランクトン環境収容力は増える．b：沈水植物量が増えると植物プランクトン環境収容力は減る．c：植物プランクトン量が増えると沈水植物量は減る．浅い湖のほうが沈水植物量は急激に減少する．

を解くと得られる（h_N や h_V は，N や V が K_A を左右する効果の程度を調整するパラメータである．ρ は湖の形状を表すパラメータで，大きい値が均一に浅い湖に対応する．h_A は沈水植物が急に減り始める植物プランクトン量を表すパラメータである）．しかし，この等式を解いて $\overline{A}$ を式（2.14）や（2.17）のような簡単な式で表すことはできない．その代わりに，式（2.22）の κ_A, h_N, h_V, h_A, ρ に具体的な数値を与えて，湖の富栄養化（栄養塩濃度 N の増加）に伴い $\overline{A}$ がどのように変化するのかを図示してみよう（図 2.14：数式処理ソフトや統計ソフトの等高線描画機能などを用いて図示できる）．

c. レジームシフトのしくみと管理　まず，徐々に深くなる（ρ が小さい）湖の場合を考える．この場合，栄養塩濃度 N の増加に対する植物プランクトン量 $\overline{A}$ の応答は単純で，富栄養化が進む（N が増える）につれ，植物プランクトン量 $\overline{A}$ が徐々に増え，レジームシフトは起きない（図 2.14a）．

浅い（ρ が大きい）湖では，栄養塩濃度のゆるやかな変化に対して植物プランクトン量が急激な応答を示し，レジームシフトが起きる．図 2.14b を見ると，栄養塩濃度の傾度に沿って，平衡状態での植物プランクトン量が S 字型に応答

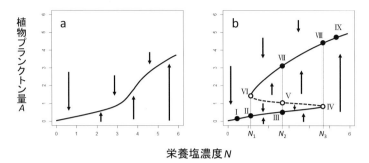

図 2.14 栄養塩濃度の対する植物プランクトン量の応答.
a：レジームシフトが起きない場合．b：レジームシフトが起きる場合．詳細は本文．

している．とくに，栄養塩濃度が N_1 より大きく N_3 より小さいときには，植物プランクトン量がとる平衡状態は三つある．たとえば，栄養塩濃度が N_2 のときの三つの平衡点はⅢ，Ⅴ，Ⅶである．このうち，ⅢとⅦは局所安定だが，Ⅴは局所不安定である．つまり，ⅢとⅦの二つの平衡点は**代替安定状態**（alternative stable state）にある（章末のコラム2）．

　まず，栄養塩濃度が閾値を超えて変化することで起きるレジームシフトを説明しよう．はじめ，湖は図2.14bの平衡点Ⅰの状態にあるとしよう．栄養塩濃度が N_1 から N_2 へと増えるにつれ，植物プランクトン量は平衡点ⅡからⅢへと増える．栄養塩濃度が閾値 N_3 を超えると，植物プランクトン量はS字上部の曲線上にある新しい平衡点（Ⅷ付近）に向かって急激に増大し，この曲線上の平衡点で安定する．この植物プランクトン量の急激な増大が，レジームシフトである．

　富栄養化によりレジームシフトが起き，植物プランクトン量が増大して水が濁ってしまった湖を，沈水植物が茂り透明度の高いもとの状態に戻すためにはどうすればよいだろうか．再び図2.14bから考えてみよう．透明な湖から濁った湖へのレジームシフトが起きたのは，栄養塩濃度が閾値 N_3 を超えて増えたときだった．そこで，湖への栄養塩の流入量を減らし，なんとか栄養塩濃度を N_3 から N_2 にまで下げたとしよう．しかし，植物プランクトン量はS字の上部の曲線に沿って減って平衡点Ⅶに達するだけで，湖の濁った状態は解消されない．それは，平衡点ⅦなどS字上部の曲線上の平衡点が局所安定だからである．濁った湖から透明な湖への逆向きのレジームシフトを起こすには，栄養塩濃度をさらに下げ，N_1 より低くしなくてはならない．栄養塩濃度が N_1 より低いとき

には，局所安定な植物プランクトン量は，湖は濁りの少ないもとの状態に復元する．このように，環境条件がある閾値を超えて起きたレジームシフトをもとに戻すためには，その閾値よりさらに低い値にまで環境条件を戻さなくてはいけない場合がある．これを，**ヒステリシス**（履歴現象）と呼ぶ．ヒステリシスは，生態系のレジームシフトの管理を難しくしている理由の一つである．

　レジームシフトは，生態系に大きな攪乱が加わって起きることもある．図2.14bでの縦軸方向への変化である．栄養塩濃度がN_2，植物プランクトン量は局所安定な平衡点Ⅶにある湖を考えよう．この状態でも，もし何らかの要因で植物プランクトン量が大きく減少して局所不安定な平衡点Ⅴを下回ることがあれば，植物プランクトン量は局所安定な平衡点Ⅲへとシフトする．また逆に，平衡点Ⅲにある湖に何かの攪乱が加わり，植物プランクトンが平衡点Ⅴを上回るほど増えることがあれば，湖はもう一つの平衡点Ⅶへとシフトする．

　このように環境条件は変化せず，攪乱によってレジームシフトが起きるとき，レジームシフトを起こすのに必要な攪乱の程度を指して**レジリエンス**（resilience）と呼ぶ．代替安定な平衡点のレジリエンスが大きいほど，その平衡点から別の平衡点に移るのに必要となる攪乱の程度は大きいので，その平衡点の安定性は高いことになる．たとえば，図2.14bの平衡点Ⅲのレジリエンスを，平衡点ⅢとⅤの距離として定義することがある（章末のコラム2の図3も参照）．この距離が大きいほど，平衡点ⅢからⅤを越えてⅦへとシフトさせるのに必要な植物プランクトンの量が大きくなる．ⅡからⅣへとつながっている平衡点の集まりについて，そのレジリエンスを比べてみると，栄養塩濃度が高いほどレジリエンスは低くなっており，澄んだ湖から濁った湖へのレジームシフトが起きやすくなっていることがわかる．

2.3　生物多様性と生態系機能の理論

　前節で紹介した生態学理論は，比較的少数の種（2〜3種）の相互作用から生まれる複雑な群集動態を解き明かすものであった．次に紹介するのは，より多くの種の相互作用がもたらす群集や生態系のふるまいに関する理論である．

　近年の人間活動が引き起こしている生物多様性の喪失（第1章参照）は，人類

の将来にどんな影響をもたらすのだろうか．そんな疑問から出発した生物多様性科学と呼ばれる新しい学問がある．生物多様性科学でよく用いられる研究手法は，群集を構成する種の数を実験的に操作し，群集が担う生態系機能がどのように変化するのかを調べるというものである．このような研究が過去20年ほどの間に活発に行われ，生物多様性と生態系機能の関係が明らかになってきた（Cardinale et al. 2012）．以下では，その一部を研究例を挙げて紹介しよう．

a. 送粉サービスにおける生物多様性の役割　人が作る農作物の多くは花粉の運搬（送粉）をハチやアブなどの動物に依存している．このような農作物には，アーモンド，ソバ，綿（綿花），サクランボ，コーヒー，キウィフルーツ，イチゴなどがある．送粉は重要な生態系機能の一つである．というのは，送粉昆虫には，作物畑の近隣の自然に生息する野生のものが多いからである．

送粉者は花蜜や花粉を提供する植物をできるだけ効率よく見つけて訪花し採餌することで高い適応度を得，植物の適応度は同種の花との間の送粉を仲介する送粉者に訪れてもらうことで高くなる．このように作用する自然選択（第3章参照）の結果，送粉者の吸蜜器官の形や視覚・嗅覚の好みなどと，花の形や色・においなどとが，互いに適合するように進化してきた．送粉者と花の相互依存的な特殊化が，多様な送粉昆虫や植物を創り出してきたのである．こうして生まれた送粉者の多様性は，生態系が供給する送粉サービスにとってどんな意味があるのだろうか．

Fründ et al.（2013）は，異なる種数（1～5種）の送粉昆虫を入れたカゴのなかで複数種の植物を育てる実験を行った．種数が違うカゴでも送粉昆虫の全個体数は同じになるように，カゴに入れる昆虫数が調整された．実験終了後に，実った種子を数えて全植物種で足した種子数を比べたところ，複数種の送粉昆虫を入れたカゴでは1種のみの送粉昆虫を入れたカゴよりも種子数が多くなった（図2.15）．送粉昆虫の種数が多いと，送粉がより効果的に行われ，種子生産が増えたのである．では送粉昆虫の多様性は，送粉者群集全体の送粉機能をどのように向上させたのだろうか？

この実験では送粉昆虫の詳しい行動観察も行われ，昆虫の種類によって活動時間や好んで訪れる花が異なることがわかった．たとえば，マルハナバチは曇天時など気温の低いときに活動することを好むが，他の送粉者は晴天時のように気温の高いときの活動を好む（図2.16a）．そのため，マルハナバチとほかの送粉者

2.3 生物多様性と生態系機能の理論

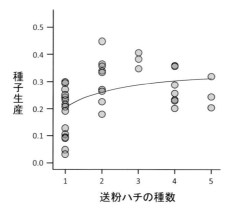

図 2.15 送粉ハチの種数に対する種子生産量の応答. Fründ ら（2015）を改変.

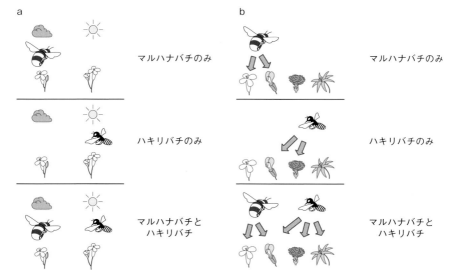

図 2.16 送粉ハチ群集における送粉機能の相補性効果.
a：マルハナバチは低い気温で，ハキリバチは高い気温で活動するため，両者がいる群集では気温が低くても高くても送粉機能が維持される．b：マルハナバチとハキリバチが同じ群集にいると，それぞれが単独でいる場合より訪花する植物の種類が増える．Fründ ら（2015）を改変.

の両方がいるカゴのなかでは，曇天でも晴天でも送粉が行われ，どちらか一方の種しかいないカゴと比べて，送粉機能が高められ，種子生産が増えたと考えられる．

また，複数種の送粉者が一つのカゴにいるときには，1種だけでカゴにいるときと比べて，利用する植物の種類や頻度を変えていることもわかった．単独の場合には，マルハナバチとハキリバチは似たような植物種を利用する．しかし，2種を同じカゴにいれて送粉させると，共通して利用する植物の利用頻度が減り，単独では利用しなかった植物種を訪れるようになった（図2.16b）．

b. 多様性の効果を分ける：相補性効果と選択効果　個々の生物種に見られる「どのような環境に棲み，どんな資源を利用して，どの天敵に狙われているのか」などの特徴は，その生物種の**ニッチ**（生態的地位）と呼ばれている．まったく同じニッチを占める複数の種が，一つの群集のなかで共存することは難しい．それは，同じニッチを占める種間では，棲み場所や資源を巡る競争などが起きるからである．競争の結果，ある種がほかの種を絶滅に追いやることを**競争排除**（competitive exclusion）という．

このニッチの概念が，生物多様性と生態系機能の関係を考える上で重要となる．Fründらの実験で活躍した複数種の送粉者たちのニッチは，活動に適した気温や好んで訪れる植物種などによって決まっている．この実験で，複数種の送粉者がいたほうが良い送粉サービスが提供された理由は，送粉者のニッチが種毎に異なったからだと考えられる．

たとえば，涼しい気温を得意とするマルハナバチと，より高い気温で活動する他の送粉者とでは，活動温度のニッチが異なる．活動温度のニッチが異なる複数種の送粉者がいたほうが，送粉者全体での送粉活動がより幅広い気温で行われることになり，送粉者群集の送粉機能が高くなる．

また，利用する植物種が似た送粉者が複数種いると，送粉者間で利用する植物の種類や利用頻度を少しずらすという行動変化も見られた．これは，送粉者どうしが，利用植物種をめぐる競争を回避した結果だと考えられる．この実験では，複数種の送粉者がいることで，送粉者のニッチのシフトが起こり，送粉者群集全体で見ると，訪花する植物の種類が増えたことになる．

このように，1種（あるいは少数種）のニッチだけではカバーしきれない生態系機能を，別の種のニッチが補うことによって生態系機能が向上することを，多様性の生態系機能への**相補性効果**（complementary effect）と呼ぶ．

多様性が生態系機能の向上をもたらす効果として，相補性効果のほかに**選択効果**（selection effect）と呼ばれるものがある．相補性効果では，生態系機能を担

う生物群集の構成種のニッチの違いが重要であったが，選択効果では，同じニッチをもつ種が果たす生態系機能の大きさの違いが問題となる．送粉者群集を例にして，選択効果を説明してみよう．

同じニッチ（利用植物種や活動時間帯などが同じ）をもつ3種の送粉者A，B，Cがいるとする．3種は同じニッチをもつが，各種が担う送粉機能には違いがあり，種Aの送粉機能がもっとも高く，次いで種B，種Cがもっとも低い．しかし，どの種のニッチも同じなので，同じ群集に複数種がいても，競争力の弱い種は競争排除されて絶滅し，最終的には1種しか残らない．そして，勝ち残った種が担う生態系機能の大きさが，最終的な送粉者群集（1種のみからなる）の生態系機能の大きさとなる．

ここでは単純に種A，B，Cの順で競争力が強いと考えよう．すると，最終的な送粉者群集の生態系機能がもっとも大きくなるのは，群集の初期構成種に種Aが含まれている場合である．初期構成種に種Aが含まれる確率は，1種，2種，3種と送粉者群集の初期種数が増えるにつれ，1/3，2/3，1と増えていく．その結果，送粉者群集の初期種数が増えるほど，最終的な送粉者群集が種Aから構成され，もっとも高い生態系機能を果たす確率が高くなる．これが選択効果である．つまり，生態系機能を担う群集の（初期）構成種の数が増えるほど，高い生態系機能を発揮する種が群集に含まれる（＝高い生態系機能をもつ種が選択される）確率が高くなることによって起きる効果が，選択効果である．

c．相補性効果と選択効果：どちらがいつ働くか　群集の種多様性を操作して生態系機能を比べた実験データから，相補性効果と選択効果を峻別する生態学理論がある（Loreau & Hector 2001）．この方法を用いて，二つの効果の強さを決める要因を調べたのが，Cardinale（2011）による淡水藻類を用いた実験である．淡水藻類には水中の溶存窒素を取り込む能力があり，藻類群集の生態系機能の一つは窒素吸収機能である．この生態系機能は，汚染河川から溶存窒素を除去して浄化することにも貢献する．

Cardinale（2011）の実験は人工河川を使って行われた．人工河川のなかに流速や攪乱頻度の異なるさまざまな微小環境を人為的に作り出して，藻類群集の窒素吸収機能が調べられた．すると，実験初期に入れた種の数が多い群集ほど，窒素吸収機能は高くなっており，選択効果より相補性効果のほうがずっと強かった（図2.17a）．一方，流速や攪乱頻度を一定にして，実質上1種類の微小環境しか

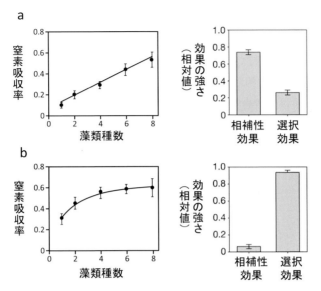

図 2.17 淡水藻類群集における窒素吸収機能の相補性効果と選択効果.
a:生態系のなかの微小環境の異質性が高い場合.相補性効果がより強い.b:微小環境の異質性が低い場合.選択効果が強い.Cardinale(2011)を改変.図中の縦棒は標準誤差.

ない河川を作って,藻類群集の窒素吸収機能を調べたところ,初期種数の多い群集ほど窒素吸収機能は高くなる傾向があったが,その増加量は頭打ちとなっていた(図2.17b).また,多様性の効果は選択効果が卓越していた.この実験から,多数種からなる群集が高い生態系機能を達成するには,生態系のなかの環境の異質性が高く,異なるニッチをもつ多くの種が一つの群集のなかにいられることが重要であることがわかる.

2.4 まとめ

本章では,生物多様性の保全や管理に関わる生態学理論を,個体群,群集,生態系という階層に分けて紹介した.どの階層においても,生態学が扱う対象は複雑で,その将来のふるまいを予測することは簡単ではない.そのような系を扱う際に有効なのが,数理アプローチである.数理モデルやコンピュータシミュレーションといった数理アプローチを用いることで,将来の予測の精度を高めたり,

その予測がどれだけ不確実なのかを定量的に把握したりすることができる．生態学理論と数理アプローチは，生物多様性の保全と管理の実践を強力に支援するツールなのである．

コラム 1
ロジスティック方程式

ロジスティック方程式は生態学でよく用いられる基本的な数理モデルの一つであり，個体群の成長を表したモデルである．

$$\frac{dN}{dt} = r\left(1 - \frac{N}{K}\right)N \quad (2.23)$$

ロジスティック方程式での1個体あたりの個体群成長率は $r\left(1 - \frac{N}{K}\right)$ である．個体群密度の変化に対して，1個体あたり個体群成長率がどのように変わるか見てみよう（図a）．個体群密度が0のとき（$N=0$），1個体あたり個体群成長率は r となる．この r を内的自然増加率とよぶ．個体群密度がより高くなると，1個体あたり個体群成長率は低くなる．これを**密度効果**という．密度効果は，個体群密度が増えるほど，生息空間や餌などの限りある資源の1個体あたりの量が減るために生じる．個体群密度が K となったとき（$N=K$），1個体あたり個体群成長率は0となる．この K は環境収容力と呼ばれ，生息環境に収容できる個体群密度の限界の値を表している．個体群密度が K を超えると，1個体あたり個体群成長率は負に転じ，個体群密度は減少する．

ごく少ない個体数からの個体群成長を考えてみよう．そのためには，0に近い値を個体群密度の初期値としてロジスティック方程式を解けばよい．個体群密度は，初め緩やかに，徐々に速度を上げて増加していくが，環境収容力に近くなると増加速度は弱まり，環境収容力に達

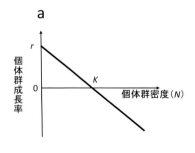
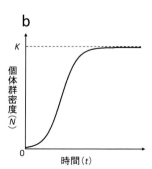

図 ロジスティック方程式の個体群成長率と成長曲線．
a：ロジスティック方程式の個体群成長率と個体群密度の関係．
b：ロジスティック成長．

した後は変化しなくなる(図b).このような個体群の成長パターンは,ロジスティック成長と呼ばれる.環境収容力に達して変化しなくなった個体群密度の状態のことを,平衡状態と呼ぶ.コラム2で平衡状態について説明してあるので,参照してみてほしい.

コラム 2
平衡状態と平衡点の局所安定性

微分方程式で記述される状態変数のふるまいは,変数が平衡状態と呼ばれる状況にあることを仮定して調べられることが多い.平衡状態とは,状態変数の微小時間あたり変化量が0である状態をさす.たとえばロジスティック方程式(コラム1の式(2.23))では,$dN/dt=0$となっている状態である.平衡状態において状態変数がとる値のことを,平衡点と呼び,変数の上に−(バー)を付けて表すことが多い.ロジスティック方程式の平衡点は$N=\overline{N}$と表すことになる.

ロジスティック方程式の平衡点を求めてみよう.平衡点$N=\overline{N}$は式(2.23)の右辺を0とおいた等式を満たすので,
$$r\left(1-\frac{\overline{N}}{K}\right)\overline{N}=0$$
を$\overline{N}$について解くと,
$$\overline{N}=0, K$$
という二つの値が得られる.つまり,ロジスティック方程式は二つの平衡点を持つことがわかる.

コラム1で紹介したロジスティック成長は,個体群密度Nが平衡点$\overline{N}=0$の付近から増えて最終的に平衡点$\overline{N}=K$に到達する個体群の成長の軌跡だともいえる.個体群がロジスティック成長するとき,平衡点$\overline{N}=0$の付近にある個体群密度Nは時間が経つにつれて,この平衡点から離れていく.これとは対照的に,平衡点$\overline{N}=K$の付近に個体群密度Nがあるとき,時間が経つにつれてNはこの平衡点に近づいていく.このような平衡点付近での状態変数のふるまいのことを,平衡点の**局所安定性**という.

平衡点の局所安定性は,局所不安定,局所安定,中立安定の三つに分けられる.平衡点の近くから時間とともに状態

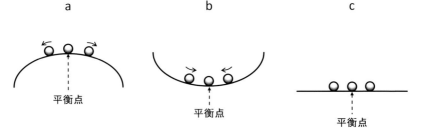

図1 平衡点の局所安定性.
a:局所不安定な平衡点.b:局所安定な平衡点.c:中立安定な平衡点.

変数が離れていくとき，その平衡点は局所不安定であるという．逆に，平衡点の近くにある状態変数が時間とともに平衡点により近づいていくとき，その平衡点は局所安定であるという．時間が経っても，平衡点に近づきも遠ざかりもせず，平衡点からの距離が一定のままであるとき，その平衡点は中立安定であるという．

カップとボールの比喩を使うと，平衡点の局所安定性を簡単に理解することができる．ボールの位置が状態変数のとる値を表していると考えよう．局所不安定な平衡状態とは，上にふくらんだ（うつぶせの）カップ状の曲面のてっぺんにボールが乗っている状態に相当する（図1a）．このてっぺんピタリの位置にボールがある限り，ボールはその位置から永遠に動くことはない．つまり，このてっぺんが平衡点である．しかし，もしボールの位置がてっぺんから少しでもずれると，ボールは転がり落ちる．つまり平衡点から遠ざかっていく．

逆に，局所安定な平衡状態とは，下にへこんだカップ状の曲面の最下部にボールが静止している状態に相当する（図1b）．この最下部が平衡点であり，そこに置かれたボールはそこで静止し続けるだろう．しかし，ボールを最下部から少し離れた位置にずらしても，ボールは最下部に戻っていく．つまり，平衡点付近に置かれたボールは，時間とともに平衡点により近づく．

中立安定な平衡状態とは，真っ平らな平面の中央にボールが静止している状態である（図1c）．この中央の位置が平衡点であり，ボールはそこに留まり続ける．平衡点から少しボールをずらしたとしても，この平面上では，そのずれた位置にボールは止まったまま動くことはないだろう．つまり，平衡点の近くのボールは，攪乱されることのない限り，時間が経っても平衡点に近づくことも遠ざかることもない．

ロジスティック方程式の平衡点 $\overline{N}=0$ は局所不安定ということになる．少しでも個体群密度が正となると（$N>0$），個体群密度は増えだし，$\overline{N}=0$ の平衡点から離れていく．これは，資源の豊富な生息場所に少数の個体を放つと，彼らが繁殖して個体群密度が増えていく状況である．一方，平衡点 $\overline{N}=K$ は局所安定である．これは，個体群が生息場所の資源をちょうど過不足なく利用している状態である．もし個体群密度 N が環境収容力 K を少し下回り，資源が少し余ると，個体群密度は増えるので N は K に近づく．逆に，個体群密度が環境収容力を少し上回り，資源が少し足りなくなっても，個体群密度は減るので，やはり N は K に近づく．ロジスティック方程式の二つの平衡点を，カップとボールの比喩を用いて一つの絵で表してみると図2

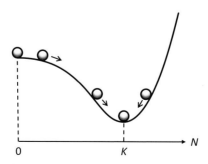

図2 ロジスティック方程式の二つの平衡点とその局所安定性．$N=0$ は局所不安定，$N=K$ は局所安定な平衡点である．

のようになる．平衡点 $N=0$ の近くからはじまった個体群が，個体群密度を増やして平衡点 $N=K$ に近づき，そこで安定するロジスティック成長の個体群動態が想像できるだろう．

数理モデルのなかには，二つ以上の平衡点をもつものが珍しくない．場合によっては，二つの局所安定な平衡点が，局所不安定な別の平衡点を間に挟んで，並んでいることがある（図3）．そんなとき，この二つの局所安定な平衡点は**代替安定状態**（双安定状態）にあるという．この場合，局所不安定な平衡点のどちら側に最初ボールを置くかによって，ボールが最終的に到達する平衡点が変わる．これを**初期値依存性**という．初期値依存性は代替安定状態の特徴の一つである．

生態系がある代替安定な平衡点から別の代替安定な平衡点に移行することをレジームシフトという（本文 2.2 節（2）参照）．生態系に大きな攪乱が加わってレジームシフトが起きるとき，レジームシフトを起こすのに必要な攪乱の程度を指して**レジリエンス**と呼ぶ．代替安定な平衡点のレジリエンスが大きいほど，その平衡点から別の平衡点に移るのに必要となる攪乱の程度は大きいので，その平衡点の安定性は高いことになる．たとえば，図3の平衡点Ⅰのレジリエンスを，平衡点Ⅰと局所不安定な平衡点Ⅱの距離として定義することがある．

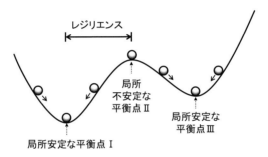

図3 代替安定状態にある二つの局所安定な平衡点．図中のレジリエンスは平衡点Ⅰのものである．

第3章

生物多様性の進化プロセスとその保全

　進化は，地球の生物多様性——とくに種多様性——の創出において中心的な役割を果たしてきた．しかし，地球史上かつてない規模に増大した人間活動は，種の絶滅を引き起こすだけでなく，生物多様性の「進化プロセス」を改変することで，多様性の消失を招いている．そのため，生物多様性を保全するには，現存する種に加え，進化プロセスの保全にも配慮する必要がある．本章ではまず，生物多様性を生みだす適応や種分化などの進化プロセスについて説明した後に，人間活動が自然選択圧の改変や新たな選択圧の創出により，適応進化や種分化プロセスに影響している例を紹介する．

3.1　進化・適応・種分化

(1) 進化とは

　進化はよく耳にする言葉である．世間一般では，個人の成長や，生物個体が新たな能力を獲得することを進化と表現することも多い．しかし，生物学における進化とは，個体ではなく集団の性質の変化のことを指す．正確には，集団内の対立遺伝子頻度が世代を経て変わることを進化と呼ぶ．

　集団内での対立遺伝子頻度の変化を考える上で，生物個体の**適応度** (fitness) に注目することが有効である．適応度とは，ある個体が次世代に残す子の数である．適応度が高い個体ほど，そうでない個体と比べて多くの子を次世代に伝えることができる．そのため，適応度の高い個体がもつ対立遺伝子は，次世代でその頻度が増える．

　これをもう少し詳しく説明しよう．ある環境で多くの子を残す（つまり適応度を高くする）形質を生みだす対立遺伝子 A と，そうでない対立遺伝子 a がある

とする．対立遺伝子 A をもつ個体はたくさんの子を残し，対立遺伝子 A は子らに遺伝する．一方で対立遺伝子 a をもつ個体が残す子の数は少なく，そのため次世代に伝わる対立遺伝子 a の数も少ない．すると，子の世代では，対立遺伝子 A をもつ個体の割合は親の世代と比べて増えることになる．つまり，ある環境で適応的な対立遺伝子の頻度は，集団内で増加する．これは上の定義から進化である．この場合の進化は，環境に対する集団の適応をもたらしている．

だが進化は必ずしも適応をもたらすわけではない．たとえば，適応度の違いを生みださない対立遺伝子があり，どの対立遺伝子をもっていても残す子の数の平均値が等しい場合を考えよう．この場合でも，実際に残す子の数は，その平均値の付近で偶然によってばらつき，それが次世代の対立遺伝子の頻度に変化をもたらすことがある．こうした偶然起きる遺伝子頻度の変化を**遺伝的浮動**（genetic drift）といい，その影響は**集団サイズ**（集団中の個体数）が小さいほど強く現れる．また，**遺伝子流動**（gene flow），すなわち集団間で個体が移出入することでも対立遺伝子頻度は変化するが，これも進化である．

(2) 適応放散と自然選択

アノールトカゲは *Anolis* 属のトカゲの総称で，中南米やカリブ諸島に数多くの種が分布する．390 種以上のアノールトカゲが知られている．日本在来のアノールトカゲはいないが，グリーンアノールが人の手によって小笠原諸島に持ち込まれ，希少な固有動物種を減少させている（第 1 章参照）．

アノールトカゲは地上や樹上，草むらなどに生息するが，生息場所の違いによって六つの**エコモルフ**（生息場所に特有の生活様式を反映した形態や行動に基づく類型）に分類される（図 3.1）．異なる生息場所では移動しやすい四肢の形態などが異なるため，エコモルフの間で後肢長や体サイズなどに顕著な違いが見られる．カリブ諸島のなかでもとくに大きな 4 島（キューバ島，ヒスパニオラ島，ジャマイカ島，プエルトリコ島）では，六つすべてのエコモルフが揃っている．同じエコモルフに属するトカゲの形態は異なる島の間でも似通っており，類似の生息場所では似た適応進化（**収斂進化**：異なる系統の生物が似たニッチで似た自然選択圧にさらされた結果，似た形態になること）が起きている．単一の祖先種から異なる生態的地位に適応進化した複数の子孫種が生まれることを**適応放散**（adaptive radiation）と呼ぶが，アノールトカゲのエコモルフの進化は適

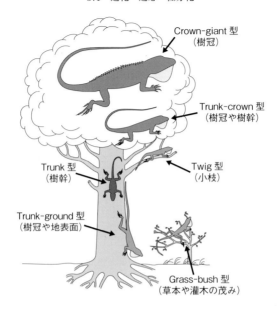

図 3.1 アノールトカゲのエコモルフ.

応放散の好例である.

　こうしたエコモルフの進化を引き起こす自然選択を実験的に模擬した研究がある．ブラウンアノールはアノールトカゲの一種であり，生息場所として木の幹や地面を利用しているため，trunk-ground 型のエコモルフである．Losos ら (2006) はブラウンアノールが棲む六つの小さな島のうち三つにブラウンアノールを捕食するキタゼンマイトカゲを放し，残りの三つの島と行動や形態の変化を比較した．

　捕食者を放す前は，どの島のブラウンアノールも地面で過ごす時間は同じくらいであった．しかし，捕食者の導入後は，導入された島のブラウンアノールは，幹の上で長い時間過ごすようになった（図 3.2a）．これは，体が大きく幹を利用できないキタゼンマイトカゲを避けるためである．また，捕食者を導入して半年経つと，捕食者のいる島では後肢が長い個体の生存率が高く，自然選択は後肢長を長くする方向に働いていた（図 3.2b）．しかし，1 年後の調査では，捕食者がいると後肢はむしろ短くなるように自然選択が働いていた（図 3.2b）．

　捕食者を導入した後の自然選択圧が逆転した理由は次のように考えられる．捕

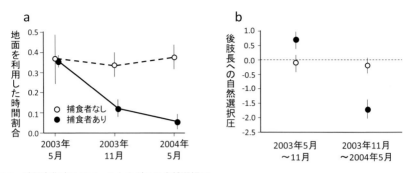

図 3.2 時間変化するアノールトカゲへの自然選択圧．
a：ブラウンアノールが地面を利用した時間の割合．b：実験の前半期と後半期における後肢長への自然選択圧の向きと大きさ．正の値は後肢が長くなる方向に，負の値は短くなる方向に自然選択が働いたことを表す．図中の縦棒は標準誤差．Losos ら（2006）を改変．

食者導入直後はブラウンアノールは地面を利用することが多く，後肢が長いほうが捕食者から逃げるのに有利であった．導入後しばらく経ち，捕食者を回避して幹上を利用することが多くなったブラウンアノールでは，後肢がむしろ短い個体が樹上での行動に有利となった．樹上では，もはや捕食者に出会わないので，肢が長い必要がなくなったのである．

長い時間をかけて起きる進化を実証することは難しい．しかし，この実験が示したような自然選択が積み重なることで，アノールトカゲの適応放散が起きたのだろうと想像できる．

（4）性 選 択

自然選択が起きると周囲の環境により適応した形質が進化する．しかし，クジャクのオスの飾り羽のように，自己の生存に不利と思われる形質が進化することもある．派手な飾り羽を持っていると天敵に見つかりやすいだろうし，飾り羽が大きければ天敵から逃げるときにも不都合だろう．このような形質はオスだけに見られることが多く，自然選択によってその進化を説明することは難しい．

それを説明するのが**性選択**（sexual selection）である．性選択とは，異性の獲得に有利な形質が進化すると考える進化理論である．クジャクの飾り羽はたしかに生存に不利な形質かもしれない．しかし，飾り羽があるとメスにもてて，交配相手を得やすくなる．そのメリットが，飾り羽が生存率を下げるデメリットを補って余りあるならば，生存には不利な飾り羽でも進化するだろう．クジャクの

飾り羽以外にも，イッカクの長い牙や，シュモクバエの長い眼柄や，タンチョウの求愛ダンスなども，性選択により進化したと考えられる形質の例である．

(5) 種概念

祖先種が複数の子孫種に分かれることを**種分化**（speciation）という．種分化は種多様性を増加させるプロセスである．しかし，そもそも種が分かれるとはどういうことだろうか．種分化とは何かを考えるためには，まず種とは何かを定義する必要がある．

種の定義のことを種概念という．これまでに複数の種概念が提案されている（コラム3）．種分化を研究する際にもっとも広く受け入れられているのが，**生殖隔離**の有無によって種を定義する**生物学的種概念**である．生物学的種概念によれば，種とは「実際にも潜在的にも互いに交配可能な個体の集団であり，他のそのような集団とは生殖的に隔離されている」と定義される．この種概念は直感的にも納得できるものである．たとえばイヌには数多くの品種があるが，異なる品種の間でも交配は可能なので，たくさんの品種から構成されていてもイヌは単一の種である．

生物学的種概念には欠点もある．たとえば，形態的特徴などから別種だと認識されている二つの種の間で，交配隔離がない場合がある．たとえば，ハイイログマとホッキョクグマは別種と認識されているが，両種は交配可能で，生存力も繁殖力もある雑種が生まれる．また，生物学的種概念は生殖隔離の有無から種の境界を決めるため，交配を行わずに細胞分裂によって増える単細胞生物や，単為生殖によって増える生物に対しては，そもそも生物学的種概念は適用できない．

コ ラ ム 3
種を定義する

ヒトと系統的にもっとも近い種はチンパンジーだといわれており，両者の遺伝子配列は極めて似ている．しかし，私たちはチンパンジーを同じ種だと考えることはない．姿・形が異なるし，生息する環境も違う．交雑して子孫を残すこともない．だが，本文で紹介したハイイログマとホッキョクグマも別種だと認識されており，姿・形・生息環境が異なる．しかし，ハイイログマとホッキョクグマは交雑して子孫を残すことがある．互いに交配できるのならば，ハイイログマと

ホッキョクグマは同じ種だと考えるべきではないだろうか．二つの生物を別種だと認めるためには，どんな違いがどれほどあればよいのだろうか．

種の定義のことを種概念と呼ぶ．種概念には種の成立基準が含まれる．種の成立基準が定まれば，種とは何かを定義できるからである．しかし，これまでに20を超える種概念が提案されているが，誰もが納得して用いることのできる種概念は見つかっていない．主要な種概念を表にまとめた．

たくさんの種概念が乱立する理由として，どんな状況にも適用できるものがないことがある．ハイイログマとホッキョクグマは形態では明確に区別でき，異なるニッチに適応していると考えられるため，形態学的種概念や生態学的種概念では，別種と認められている．しかし，両者は雑種を作ることができるので，生物学的種概念に従えば，同種と考えるべきだろう．

この状況を解決する考えの一つに，メタ個体群系統種概念がある（de Queiroz 1998, 2007）．一般に，種概念は二つの問題を解決しようとしている．その一つは「種とは何か」であり，もう一つは「種の成立条件は何か」である．実は，これまでに提案された多くの種概念は，「種とは何か」という問題に対しては共通した答えのイメージをもっている．つまり，どの種概念も，「メタ個体群とし

表 これまでに提案された主要な種概念
de Queiroz (1998, 2007) を改変．

種概念	種概念	種の成立条件（種を構成する個体や集団がもつべき要件）
生物学的種概念 (biological species concept)	種とは，実際にも潜在的にも互いに交配可能な個体の集団であり，他のそのような集団とは生殖的に隔離されている	同種の他個体と交配し生存力・稔性のある子孫を残せること
進化学的種概念 (evolutionary species concept)	種とは，他の系統とは分かれて進化している系統のことであり，独自の進化的役割と傾向をもっている	独自に進化していること
生態学的種概念 (ecological species concept)	種とは，同じニッチに適応している互いに近縁な個体の集団である	同じニッチ（生態学的地位）に適応していること
系統学的種概念＊ (phylogenetic species concept)	種とは，共通祖先をもち派生形質を共有する最小の集団である	ある祖先に由来するすべての個体・集団を含んでいること（単系統であること）
形態学的種概念 (morphological species concept)	種とは，形態学的に類似した個体の集まりであり，他の集団に属する個体とは形態学的な特徴から区別できる	複数の形態形質について他集団と区別できるまとまりを構成していること（互いに似ている個体の集まり）
メタ個体群系統種概念 (metapopulation lineage species concept)	種とは，メタ個体群として構成されている系統のことで，他のそのような系統とは独立して進化している	他の種概念の成立条件のそれぞれは種分化が起きたことを支持する一個の証拠である．証拠が多いほど種分化はより確実である．

＊系統学的種概念には三つの異なるバージョンがあり，ここで紹介しているのはそのうちの一つ．

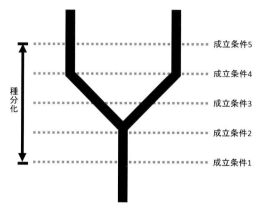

図 種分化の進行過程と種の成立条件.
種の成立条件1から5までが順に成立していく過程を種分化と考える.種分化のある時点における種の数は,どの成立条件までが満たされているかによって変わり,より多くの条件が満たされるほど種分化が起きたことはより確実となる.de Queiroz(1998, 2007)を改変.

て個体の移動分散を通じて遺伝子のやり取りを行いながら進化している生物の集まり」として,種というものをとらえているのである.メタ個体群系統種概念は,これまでの種概念がもつ種のイメージの最大公約数を表現したものといえる.

メタ個体群系統種概念がもつ「種の成立条件は何か」という問題に対する答えは,「これまでの種概念が提案した成立条件は,そのそれぞれが種分化が起きたことを支持する一個の証拠である」というものである.この考えの背景にあるのが,種の成立条件は種分化の過程を通じて順繰りに満たされていくとする見方(図)である.例えば,ある生物種のメタ個体群の一部が地理的障壁によって切り離され,独自に進化するようになり(進化学的種概念),そこに出現した新しいニッチへと適応する(生態的種概念)過程を通じて,祖先種とは異なる形態的特徴(形態学的種概念)や,祖先種との間の生殖隔離(生物学的種概念)が進化し,最終的に系統樹の一枝を構成するようになる(系統学的種概念)—という種分化過程があるだろう.

メタ個体群系統種概念は,「種とは何か」と「種の成立条件は何か」という二つの問題に分けて種概念を考えることで,これまで対立していた種概念をうまく和解させることを可能にしている.

(6) 種 分 化

a. 異所的種分化と同所的種分化　生物学的種概念に従うなら,種分化とは生殖隔離の進化プロセスのこととなる.種分化が起きる際の個体群の地理的分布によって,種分化を**異所的種分化**と**同所的種分化**の二つの様式に大別することがあ

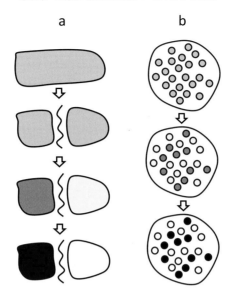

図 3.3 異所的種分化と同所的種分化の模式図．
a：異所的種分化．枠は集団の空間分布，枠内の色の違いは集団間の遺伝的な違い，波線は地理的障壁を表す．b：同所的種分化．小さな円は一つの集団，大きな枠はそのなかの集団間で遺伝子流動が起きうる空間範囲を表す．矢印はいずれも時間変化を表す．

る（図 3.3）．

　異所的種分化では，祖先種の集団の間に地理的な障壁が生じ，集団間での個体の行き来がないまま各集団が独自に進化（対立遺伝子頻度が変化）した結果，集団間で生殖隔離が生じる（図 3.3a）．集団間での個体の行き来がないと，集団間での遺伝子の流動が失われるので，各集団で独自の進化が起きやすくなる．テッポウエビが，パナマ地峡の成立によって太平洋側と大西洋側の集団に分断され，別の種に進化した例がそれに該当する（Knowlton et al. 1993）．

　同所的種分化では，異所的種分化とは対照的に，ランダムに交配している一つの集団を祖先とし，そのなかで生殖隔離が進化する．同所的種分化では，分化途中の二つの分集団の間での遺伝子流動が起きやすい．そのため，同所的種分化は，異所的種分化と比べてはるかに起こりにくいとされる．

　同所的種分化の例の一つに，隕石の衝突によってできたニカラグアのクレーター湖で起きたものがある．クレーター湖ができた際に，近隣の浅い大きな湖から底生性の魚類の祖先種が進入し，深いクレーター湖にある沖を生活圏として利

用する種が種分化した（Barluenga et al. 2006）.浅い沿岸を利用する祖先種は水草などを餌としているが，新しく種分化した沖の種は昆虫をより多く利用する．この種分化は同じ一つの湖の中で起きたので同所的種分化であると考えられる．

　異所的種分化と同所的種分化は，遺伝子流動を妨げる地理的障壁に着目して種分化様式を分類したものだが，両者の中間的な場合として，二つの個体群間で遺伝子流動が部分的に制限されて起きる**側所的種分化**という様式もある．つまり，異所的種分化と同所的種分化は，祖先集団の間の遺伝子流動の程度が両極端に異なる種分化様式であるといえる．

　b. 生態的種分化　　近年，地理的障壁ではなく，種分化を引き起こす自然選択の強さに着目した種分化研究が盛んになっている．とくに，**生態的種分化**と呼ばれる種分化様式が注目されている．生態的種分化とは，生息環境の違いが引き起こす分岐選択（divergent selection）の結果，集団間の遺伝子流動の障壁が進化するプロセスである（Nosil 2012）．また分岐選択とは，環境によって表現型に対する自然選択が異なる方向に働くことをいう．

　北米に棲むナナフシの一種（*Timema cristinae*）には，クロウメモドキ科の一種（*Ceanothus spinosus*）を食樹とする集団と，バラ科の一種（*Adenostoma fasciculatum*）を食樹とする集団がいる．このナナフシは鳥などの天敵から身を隠すために，食樹の葉の色と模様に擬態している．Nosil et al.（2002）は，このナナフシの個体間の交尾確率を実験的に調べ，異なる集団の間での生殖隔離の程度を評価した．すると，同じ植物を食樹とする異なる集団の個体の間では，同じ集団由来の個体どうしと同じような確率で交尾が行われたが，食樹が異なる集団の個体間では交尾が行われる確率はずっと低かった（図 3.4）．この結果は，異なる食樹への擬態という分岐選択が生殖隔離の進化を促進していることを示唆している．

　種多様性の進化プロセスを保全する上で，生態的種分化の考え方は重要である．異なる生息環境が，生態的種分化を通じて種の多様性の創出と維持に貢献している場合には，そのような異質な生息環境を適切に維持していくことが重要となるだろう．

(7)　生物多様性を創る適応度地形

　生物の表現型と適応度の関係を図示したものを**適応度地形**と呼ぶ（図 3.5）.

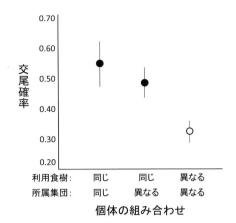

図 3.4 利用食樹と所属集団の違いがナナフシ個体間の交尾確率に与える影響．
（左）同じ食樹を利用する同じ集団内の個体間の交尾確率．（中央）利用食樹は同じだが所属集団が異なる個体間の交尾確率．（右）利用食樹も所属集団も異なる個体間の交尾確率．縦棒は標準誤差．Nosil ら（2002）を改変．

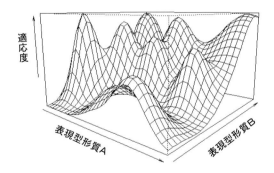

図 3.5 適応度地形．
個体の表現型と適応度の関係を図示したもの．この適応度地形では個体がもつ二つの表現型形質 A と B の値の組み合わせによって個体の適応度が決まる．個体の遺伝子型と適応度の関係を適応度地形ということもある．

適応度地形上では，異なる表現型をもつ生物種は，それぞれ異なる適応度ピークに位置していると考えればよい．ナナフシの例では，異なる食樹に対応した表現型がそれぞれ独自の適応度ピークを占めていると理解できる．一つの適応度ピークが一つの生物種（あるいは表現型の異なる集団）に対応しているとすると，たくさんのピークをもつ複雑な適応度地形が多様な生物を進化・維持できることになる．

3.2　人間活動による進化プロセスの改変

(1)　ガの工業暗化

自然選択の実例としてよく引き合いに出されるのが，産業革命下のイギリスで起きたガの**工業暗化**である．視覚でガを見つけ，ついばむ鳥類がガの主な天敵である．日中，樹木の幹にとまるガは，自身の背景となる幹と同じ体色だと鳥の視覚に対して隠蔽効果があり，見つかりにくく食われにくい（1.3節参照）．ガが利用する樹木の幹は明るい色をしたものが多く，産業革命以前はガの体色は白かった．しかし，1848年に初めて黒い色のガが報告され，それ以降，黒化型のガの頻度が急速に増えた（図3.6）．これは石炭エネルギーの大規模な利用に伴い，大気汚染が進んだことと関連している．大量に放出された煤のせいで樹皮が黒くなったり，増えた硫黄降下物のせいで幹に付着する地衣類が死滅したりすることで，樹木の幹の色が暗くなったのである．近年になって石油エネルギーなどへの転換が進み大気汚染が軽減されると，黒化型の頻度は再び減っていった（図3.6）．

ここで注目すべきは，ガの工業暗化を引き起こした自然選択圧は，人間活動が

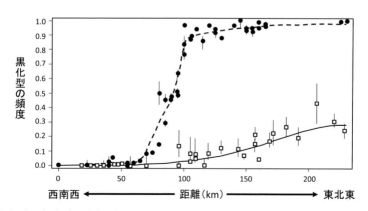

図 3.6　黒化型のガの頻度の時空間変化
　　　イングランド北西部（西南西）とウェールズ北部（東北東）を結ぶ約200kmの直線に沿って並べた調査地で調べられた黒化型の頻度．イギリスでは東向きの風が強く汚染大気は東に流れるため，東に行くほど黒化型が多い．黒丸：1964〜1975年．白四角：2002年．誤差棒は標準誤差．Saccheri ら（2008）を改変．

生みだしたということである．生物の生息環境に与える人間活動の影響は往々にして広範で強力であり，その生物に働いている自然選択圧を大きく改変してしまう．こうした例をあと二つ紹介しよう．

(2) 小さいまま成熟するタイセイヨウダラ

カナダの大西洋沿岸（ニューファンドランド・ラブラドール州）に棲むタイセイヨウダラは，漁獲対象種として当地の漁業を長い間支えてきた魚である．しかし1980年代後半から1990年代初めにかけて，過剰な採取により漁獲量が全盛期の1〜25%にまで減ってしまった．カナダ政府は1992年にタイセイヨウダラに対する無期限の禁漁を宣言した．その結果，多くの漁業関係者が仕事を失うことになった．現在も禁漁は続いており，2015年になってようやく回復の兆しが見えはじめたところである（Rose & Row 2015）．

1977〜2002年の調査データを解析したところ，1990年頃の個体群の崩壊に先立って，タイセイヨウダラの生活史に異変が起きていることがわかった（Olsen et al. 2004）．たとえば，1980年と1987年に生まれた個体を比べてみると，1987年に生まれた個体の方がより小さいサイズでも成熟し繁殖を開始していたのである（図3.7）．どうしてこのようなことが起こったのだろうか．

漁獲の際，その対象となるのはある程度以上の大きさの個体である．タイセイ

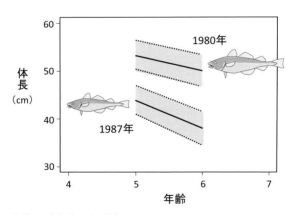

図 3.7 タイセイヨウダラの成熟サイズの進化．
1980年と1987年において，5歳から6歳の間に成熟したタイセイヨウダラの体サイズ．実線は50%の個体が成熟した体サイズ，下と上の点線はそれぞれ25%と75%の個体が成熟した体サイズ．タラの絵の大きさは成熟時の相対体サイズと対応する．Olsen et al.（2004）を改変．

ヨウダラを含め魚類は，通常，十分大きくなってから成熟し繁殖を開始する．その方が，生存力の高い子孫をより多く残せるからである．しかし，漁業が大きな個体をターゲットとして捕獲すると，大きくなるまで待って繁殖を開始する個体は子孫を残せない．むしろ，小さくても繁殖する個体の方が，高い確率で子孫を残すことができる．そのため，大きな個体への漁獲圧が高い状況では，繁殖開始サイズが小さくなる方向に自然選択が作用する．タイセイヨウダラの繁殖開始サイズの低下は，漁業が本来の自然選択を改変することで起きた人為による進化だと考えられる．

(3) 都会で鳴くシジュウカラ

シジュウカラは都市近郊でも電線などにとまって鳴く姿がよく見られ，私たちにも馴染み深い鳥である．ヨーロッパのシジュウカラの鳴き声を，都市と郊外の森で比較した研究がある (Slabbekoorn & Ripmeester 2008)．自然の豊かな森と比べて，都市では車や電車の騒音などの低い周波数の音が多い．シジュウカラの鳴き声は通常，低い音と高い音の組み合わせで構成されている．しかし，低い音を多く含む都会の背景音のもとで鳴くシジュウカラでは，低音の鳴き声が減っていた．背景音に多く含まれる低音が，鳴き声中の低音をかき消してしまうためである．

シジュウカラのオスは，縄張りの誇示やメスへの求愛のために，鳴き声を用いる．体の大きい個体の方が低音を発声できるため，低音を含んだ鳴き声は，縄張り争いにおける自身の強さを他のオスに誇示し，交配相手としての質をメスにアピールできる．実際，つがい形成や縄張り争いが行われる繁殖期初期のほうが，繁殖期後期と比べて低い鳴き声を多用している．

シジュウカラが鳴き声を通じてライバルの強さや交配相手の質を評価しているならば，低い鳴き声が聞こえず使えない環境では，正確な評価ができないだろう．その結果，ライバルの強さを正確に評価していれば避けられたはずの縄張り侵犯や体をぶつけての闘争が増えたり，メスにとって本来得られるはずの理想の交配相手を得られなかったりするかもしれない．つまり，都会の騒音環境が，シジュウカラの表現型と適応度の関係を攪乱し，自然選択の働き方を改変してしまっているかもしれないのである．

3.3 人間活動がもたらす種分化プロセスの改変

(1) シクリッドにおける種分化の逆転

東アフリカにあるビクトリア湖，タンガニイカ湖，マラウィ湖は「ダーウィンの箱庭」とも呼ばれる生物多様性の宝庫である．これらの湖では，シクリッド（カワスズメ）科魚類がさまざまな**採餌ニッチ**（プランクトン食や底生動物食，付着藻類食，他の魚のウロコ食など）へと適応放散した豊かな魚類相が見られる．しかしビクトリア湖ではこれまでに多くのシクリッドが絶滅してしまっている．その一つの理由が，漁獲用に導入された大型肉食魚ナイルパーチによる捕食である．もう一つの理由が，人間活動が引き起こした湖の環境変化による生殖隔離の破壊である．

シクリッドの多様性は，多様な採餌ニッチへの適応放散のみによって生みだされたわけではない．ほぼ同じ場所に棲み，同じような餌を利用しているにもかかわらず，異なる種として共存しているシクリッドたちもいる．こうした種間では，オスの交配形質（派手な婚姻色など）が種間で違うことで，生殖隔離が成立していることがある（図3.8）．多様なオスの婚姻色は，種間で異なる方向へと性選択が働いた結果だと考えられる（Seehausen et al. 1997）．メスが婚姻色の違いを見分けて同種のオスを正しく交配相手として選ぶことで，生殖隔離が成り立っている．

ビクトリア湖の浅瀬の岩場では，オスの婚姻色の違いにより生殖隔離された固有種が数多く共存している．とくに，透明度が高い場所では多くの近縁種が交雑

P. nyererei　　　　P. pundamilia　　　P. nyererei × P. pundamilia

図3.8 婚姻色の異なるシクリッド2種とその雑種（口絵参照）．
ビクトリア湖の浅瀬に棲む *Pundamilia nyererei*（左）と *P. pundamilia*（中央）のオス，およびこれら2種の雑種オス（右）．写真：O. Seehausen．

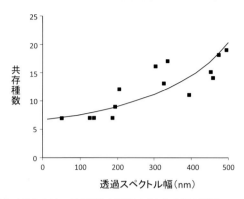

図 3.9 同所的に共存するシクリッドの種数と透過スペクトル幅の関係. 水が濁っているほど透過スペクトル幅は小さくなる. Seehausen et al.（1997）を改変.

することなく共存している．しかし，湖周辺の森林伐採や農業開発などのために水が濁った場所では，メスが同種のオスを正確に見分けることができなくなり，種間で交雑する結果，種分化の逆転（種の融合）が起きている（図 3.8）．そのため，濁った場所での種多様性が減ってしまっている（図 3.9）．

澄んだ湖水環境のおかげで婚姻色の多様化と種分化が生じたビクトリア湖の生物多様性だが，人間活動が引き起こした透明度の低下はその種分化の環境を破壊してしまった．約 1200 万年前の適応放散が生んだビクトリア湖のシクリッドのように，比較的新しい時代に種分化した近縁種間では，交雑により生じた雑種個体の生存力も稔性ももとの種とあまり変わらない．人間活動による種分化環境の破壊は，生物の生殖隔離をも破壊し，種分化の逆転現象を引き起こしているのである．

(2) 均質化するダーウィンフィンチの嘴

ダーウィンフィンチは，南アメリカのガラパゴス諸島に棲む小型の鳥類のグループである．大陸由来の共通の祖先種から，種子や花，昆虫などの異なる餌を利用する複数種へと種分化した適応放散の好例である．異なる餌を利用するため，嘴の形態がそれぞれの餌に特殊化している．また一つの集団の中でも異なる餌に特殊化した嘴の二型が見られたりする．

ダーウィンフィンチの多様性を作り出した自然選択もまた，人間活動による改変の危機にある．ガラパゴス諸島で二番目に大きなサンタクルス島にあるプエル

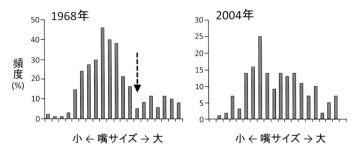

図 3.10 ダーウィンフィンチの嘴サイズ分布.
　　　　嘴サイズの値は相対値（主成分分析の第一主成分）．1968年に見られた二峰性が2004年には不明瞭になっている．Hendry et al.（2006）を改変．

トアヨラは，多くの人が住むガラパゴス諸島の中心都市である．プエルトアヨラにまだ多くの人がいなかった1960年代，都市近郊に棲む種子食のガラパゴスフィンチの個体群における嘴サイズの頻度分布は二峰型になっていた（図3.10）．

　サンタクルス島のフィンチの餌となる種子は大・中・小の三つのサイズに分類される．また，種子のサイズクラスに対応した3種の種子食フィンチがいる．大きな種子を食べるのはオオガラパゴスフィンチ，中くらいの種子を食べるのがガラパゴスフィンチ，そしてもっとも小さな種子を食べるコガラパゴスフィンチである．ただし，中くらいの種子の量が少ないために，ガラパゴスフィンチでは一つの集団の中に，オオガラパゴスフィンチのように大きめの種子を食べるタイプの個体と，コガラパゴスフィンチのように小さめの種子を食べるタイプの個体がおり，両タイプの嘴サイズが顕著に違うために二峰性が見られていたのだろう．

　しかし，プエルトアヨラの人口が増えた2000年代には，ガラパゴスフィンチの嘴サイズの二峰性が失われている（図3.10）．増えた人口がその遠因となっていることは，同じ島の，町から遠く離れた場所のガラパゴスフィンチの集団では二峰性が維持されていることからもわかる．人口増加が嘴サイズの二峰性を破壊した正確なメカニズムはわかっていないが，人口増加により種子食フィンチの餌環境が変わったためだろうと想像できる．その象徴的な例が，町に設置されたフィンチ用の給餌器である．この給餌器に入った米粒はどんな嘴サイズのフィンチでも利用しやすい．このような米粒を食べるガラパゴスフィンチでは嘴サイズが二峰型になるような自然選択圧は働かない．

(3) 温暖化する北極圏での雑種形成

上述したように，ホッキョクグマとハイイログマは雑種を作ることができる．最近，この雑種が実際に野外で生存し，子孫を残していることがわかった．2010年，カナダ先住民のハンターが仕留めたクマが，雑種のメスとハイイログマのオスの交配から生まれた個体だと判明したのである．

氷の上で生息するホッキョクグマと陸地に棲むハイイログマは，数百年前に種分化したとされ，これまで，通常は出会うことも交雑することもなかった．しかし，地球温暖化に伴う海氷域の減少により，陸地に棲むことを余儀なくされたホッキョクグマが，ハイイログマと出会い交雑したのではないかと考えられている（Kellyら2010）．

北極海に棲むホッキョククジラと，北太平洋や北大西洋に棲むセミクジラの雑種と見られる個体が，2009年，ベーリング海で観察されている．温暖化のために，セミクジラが北極海にまで回遊するようになり，ホッキョククジラと交雑した可能性がある．

他にも，温暖化が近縁種間での雑種形成を促す懸念のある生物は多い．イッカクとシロイルカ，ネズミイルカとイシイルカ，タテゴトアザラシとズキンアザラシなどである．このような雑種形成は，温暖化による生息適域の変化で個体数の減った生物種にさらなる打撃を与え，絶滅に追いやる原因となるかもしれない．

(4) 適応度地形の単純化による多様性の喪失

人間活動は，複雑な適応度地形を単純化する場合がある．澄んだビクトリア湖ではシクリッドの異なる婚姻色は異なる適応度ピークに対応していた．しかし，湖水が濁ると異なる婚姻色に対応する独立したピークはなくなってしまった．ガラパゴス諸島のフィンチの嘴の適応度地形では，異なる種子サイズに対応して複数のピークが見られ，嘴サイズが多様化していた．しかし，町に近い生息環境で適応度地形は単峰型となり，嘴サイズの二峰性が失われてしまっている．北極圏では，そこに適応した生物だけが占めていた適応度ピークが地球温暖化によって均(なら)され，より温暖な環境に適応した生物の進出が進んでいる．増大する人間活動は，多様な生物の進化の舞台となった複雑な適応度地形を単純化することで，生物多様性を創出・維持してきた進化プロセスを阻害しているのである（図3.11）．

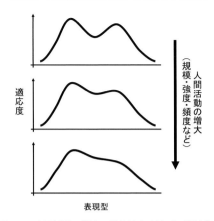

図 3.11 人間活動の増大に伴う適応度地形の単純化.

3.4 まとめ

　本章では，進化と種分化の基本概念の紹介に加えて，人間活動が進化や種分化のプロセスを改変する事例を挙げた．地球上の生物多様性は，多様な生息環境に生物が適応することで創り出されてきた．しかし，豊かな生物多様性の「鋳型」となるべき生息環境の複雑さが，増大する人間活動により失われてきている．上に挙げた以外にも，ダムにより洪水をなくす河川管理や，集約化による農地景観の均一化，海の富栄養化による沿岸食物網の単純化など，人間活動により生息環境の多様性が消失する例は多い．豊かな生息環境を保全することは，現存する生物多様性を守るだけでなく，将来の進化や種分化の舞台となる複雑な適応度地形を保全し，未来の生物多様性が創造される場を守ることにもつながるのである．

第 **4** 章

森林生態系の機能と保全

　森林は世界中の人々にとって馴染み深い自然環境の一つである．高度に情報化した都市社会の住民でさえ，森のもたらす物質的・精神的な恩恵を認めない人は少ないだろう．その反面，森林は現代でもっとも顕著な破壊とその影響が懸念されている生態系でもある．先進国として世界有数の森林面積率を誇る日本も，この問題に決して無関係ではない．この章では，森林の豊かさを支える生態系のしくみを整理した上で，現代の森林をとりまく困難な情勢と，その解決の道筋について考えたい．

4.1　森林の特性と生物多様性

　FAO（国際連合食糧農業機関）の発表によると，2015年現在の世界の森林面積は 3999 万 km^2 であり，地球表面の約 8 分の 1，世界の陸域面積の実に 27% を占める．ただしこの数値は森林を「地表面の 10% 以上が樹高 5 m 以上の木の樹冠に覆われている 0.5 ha 以上の土地」と定義した場合の統計である．理論上，森林は全陸地のうち，湿潤かつ年平均気温がある程度高い（マイナス 5℃ 以上）環境で成立しうる．これより寒い地域や，水や有機土壌の乏しい砂漠や鉱山跡地のような環境では，大量の光合成を必要とする樹木の体が維持できないため森林は成立しない．いっぽう温暖で多湿な環境でも，過去の自然災害，家畜や野生の草食獣による採食，人為の影響など，なんらかの攪乱の影響で森林の成立が阻まれている場合もある．攪乱の強い場所では，繁殖開始まで数年以上かかる樹木は子孫を残せないことが多く，寿命の短い草本やシダ植物が繁茂することになる．

　地球上には，気候帯によってさまざまな姿の森林がある．世界でもっとも背の高い森林は北米大陸西海岸の冷温帯針葉樹林（樹高 90 m）であり，東南アジア

の熱帯降雨林（樹高60〜70m），中央ヨーロッパの冷温帯針広混交林（樹高50m）がこれに続く．対照的に，亜熱帯の海岸に広がるマングローブ林や高山帯のハイマツ林などは樹高が5mを割り込む場合もある．これらも，前段の森林の定義からは外れるが，多くの生物が棲む豊かな森だ．樹高だけでなく樹冠の形も多様で，北欧やロシアなど高緯度地方の針葉樹林では紡錘形，温帯域の落葉樹林ではラグビーボール状，低緯度の常緑広葉樹林では平たいテーブル状の林冠が見られる．これは太陽放射の入射角度に合わせて効率よく光をとらえるための適応との説がある（Kuuluvinen 1992）．

日本は南北に長く周囲を海で囲まれた国土をもち，地域ごとの気象条件の違いが大きいために，一つの国内にさまざまな姿の森林を有する．きわめて種多様性の高い常緑広葉樹林，ブナやカエデの紅葉が美しい落葉樹林，重厚な佇まいの常緑針葉樹林．これらの森にはそれぞれ地域の気候に適した植物や菌類，無脊椎動物や脊椎動物が生息している．

後述するいくつかの理由により，森林に生息する生物種は多い（図4.1）．陸生哺乳類の半分以上が森林に生息しており（MEA 2005），これは陸域の全面積に占める森林の割合からして不釣り合いに大きい数字である．とくに，陸域でもっとも脊椎動物の種多様性が高いとされる熱帯降雨林には，推定2万種の脊椎

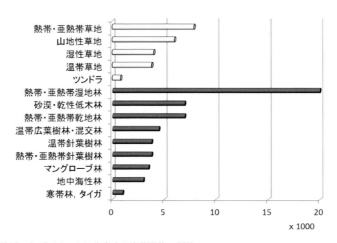

図4.1 陸域の各バイオームに生息する脊椎動物の種数．
草地のデータを白，森林のデータを黒で表した．なお「草地」はステップや灌木林を含む．
Millennium Ecosystem Assessment Report（2005）をもとに描く．

動物が生息し，そのうち8000種は熱帯降雨林のみに生息する固有種である．日本では，国内で今までに確認された維管束植物種の37%が森林で確認されており（2015年現在：林野庁），日本産鳥類の約50%が森林に依存しているとされる（東條2007）．

森林に多くの生物種が生息する理由は，森林景観自体の多様性が高いこと，森林の面積が他の生態系に比べて大きいこと（一般に，種数は調査対象地の面積とともに増加する）に加え，巨大で複雑な空間構造をもつこと，環境の異質性が大きいこと，地下生態系が発達していることの3点が挙げられる．以下では，これら3点の理由について詳しくみていこう．

(1) 空間構造

森林では樹木が巨大で複雑な立体空間を形成し，その立体構造がさまざまな意味で生物の多様性を涵養している．

巨大な樹木が競い合って葉を繁らせ，エネルギー源である太陽光を奪い合うため，森のなかは暗い．森林内の地表付近に入射する光の量は，最上部の葉に降り注ぐ光の5%程度にすぎない．それぞれの樹木は，高さによる光環境の違いに対応して，成長速度や寿命，繁殖をはじめるタイミングなどを独自に発達させている．こうした環境に対する生物の適応の様式を**生活史戦略**と呼ぶ．樹木には，明るい林冠まで成長してから花や実をつける種類（高木）と，あまり大きくならずに暗い林内で花や実をつける種類（低木）がある．高木は，明るい環境まで生き残れば莫大な量の種子を作れるが，繁殖をはじめる前に枯れてしまう危険もある．低木は，暗い環境で細々と繁殖せざるをえないが，まったく子孫を残せないで死んでしまうリスクは低い．どちらの戦略をとる種も世代をつなぐだけの子孫は残せるので，高木も低木も森のなかに存在し続ける（Kohyama 1993：図4.2）．こうして森林のなかには常に高さの異なる樹木が存在し，複雑で多層的な空間構造が形成される．

樹木の枝や幹はさまざまな動物に対し，採餌場所，繁殖場所，隠れ場所（シェルター），攻撃の足場，休息場などの機能を提供する．また，他の植物や地衣類（藻類，菌類）にも生活の場を提供する．着生ランや昆虫の仲間には，生涯を樹上で終える種も多く知られている．さらに生活のなかで樹木の枝や幹を利用する種のなかには，森林空間の利用方法をめぐるニッチ（第2章参照）の違いを発達

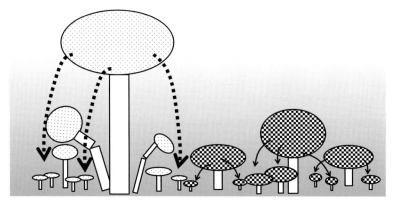

図 4.2 高木種（左）と低木種（右）の生活史戦略の比較．矢印の太さは種子の量を表す．高木種の親個体は大量の種子を生産するが，親になれるまで生き延びる個体は多くない．低木種の親個体が生産する種子の数は少ないが，早熟なので子孫を残せないリスクは低い．どちらの種個体群も世代をつなぐことができる．

させているものもある．有名な例として，同じ森で生活するムシクイ（鳥類）の仲間5種が，微妙に餌場を分けていたという話が知られている（MacArthur 1958）．この例では，体が大きく重い鳥は地表付近や木の幹近くで採餌し，小さい種は競合種が来られない樹冠の末端で採餌していた．このような微妙な空間利用の違いがニッチの違いを生み，多くの種の共存を可能にしていると考えられている．

コンクリートや金属と違い，樹木の幹や枝は生物の力で彫刻可能な物質であり，ある種の生物にとってはそれ自体が餌でもある．キクイムシ，カミキリムシ，タマムシなどの昆虫は，腐朽した木の枝や幹に侵入し，そこを棲み家兼餌場としている．キツツキなどの鳥はこれらの昆虫を狙って腐朽木を彫り，自分が営巣する穴も掘る．キツツキが放棄した後の樹洞は，より体の大きいフクロウや小型の哺乳類に巣として利用される．このように，森林の構造が生物材料で作られていて適度な可変性をもつために，さまざまな生物の活動が連鎖的に広がることになる．

生物由来の立体構造が生物多様性を涵養する効果は他の生態系でも普遍的に認められており，沿岸域のサンゴ礁や藻場にもその例を見ることができる（第5章）．

(2) 環境の異質性

森のなかで大木が倒れると，林冠に直径 5〜10 m ほどの穴が開く．この穴を**ギャップ**という（図 4.3）．ギャップの周囲の木は急に強い風を受けるようになり倒れやすくなるため，ギャップは次第に拡大して時には幅 20 m もの大穴になる．ギャップの下は明るく，種子の発芽が促進され，もともと生えていた植物の成長もよくなる．ギャップは，周辺から伸びてきた枝やギャップ下で成長した木によって次第に塞がれ，形成後 5〜10 年くらいで閉鎖する．このようなギャップは，日本の温帯林では森林面積全体の 14〜17% 程度を占めている（Yamamoto 2000）．

植物のなかには，このようなギャップに依存した生活史をもつものがいる．たとえばコシアブラの稚樹は，暗い森のなかでは年に数 mm しか背が伸びないが，いったんギャップ下に入ると 30 cm もの速度で伸長しはじめる（Seino 1998）．これは貴重なギャップを他種より先に占領するのに有利な戦略である．コシアブラのようにギャップで成長量が急増するような性質をもつ樹木の仲間（ギャップ利用種という）は他にも多数知られている．

台風や人為による伐採の後などには，攪乱によって巨大なギャップができ，そ

図 4.3 台風によってできた約 20 m の森林のギャップ（左：口絵参照）とギャップ下の様子（右）．ギャップ下では倒れた大木の幹が，侵入してきた草本や稚樹に覆われている（撮影地：小川学術参考林，茨城県北茨城市）．

図 4.4 遷移後期の森（左）と遷移初期の林（右）．
左の林では約50年前まで，薪や炭を採るため伐採が行われていた．このような森を伐採した後，5年経過したのが右図の状態．右図の手前に見えるのは，伐採跡地へのシカの侵入を防ぐための柵（撮影地：千葉県鴨川市，君津市）．

こだけ裸地に近い状態となる．そこにはキク科やススキなどの草本，アカメガシワやタラノキ，バラ科低木などの樹木が侵入し，いわゆる二次遷移初期の植生が形成される（図4.4）．これらの植物は**遷移初期種**（または先駆樹種，陽樹，強光利用型）などと呼ばれ，強光下での光合成速度が高く，成長が速く，早期に繁殖を開始できる性質をもつ．遷移初期種は，暗い環境での生存に長けた**遷移後期種**（陰樹，弱光利用型とも）が増えるにつれ次第に衰退していくが，その前に次世代の種子を残す．アカメガシワやイイギリの種子は，**埋土種子**として地中で60年以上生き延びることも珍しくない．この長命な種子によって次の攪乱まで生き延び，一度攪乱が起これば速やかに発芽する．サクラ属やカンバ属の種子は，風や鳥によって遠方のギャップへ運ばれ，そこで発芽する．遷移初期種はこうして，まれに生じるギャップを渡り歩いて世代をつなぐ．遷移初期種の存在は，攪乱後の裸地が短時間のうちに被覆され，表土が固定されて他の植物が侵入しやすくなるなど，攪乱後の生態系修復に重要な意義をもつ．

このように，次々に発生しては消滅するギャップをめぐって，一つの森のなか（の地表と地下）に異なる生活スタイルをもつ種群が共存している．

（3） 地下生態系の発達

発達した地下生態系も森林の大きな特徴の一つである．樹木の体を構成する糖，セルロース，リグニン，タンニン，フェノール，アルカロイドといった有機化合物は，枯れ落ちて地表に降り積もったのち，菌やバクテリアの作用で分解される．これらの菌やバクテリアは，有機化合物を分解する際に発生するエネルギーで生きる生物群（分解者）であり，このエネルギーを起点とする一連の食物連鎖を**分解系**（decomposer system）とか**腐食連鎖**（detritus food chain）と呼ぶ．熱帯多雨林のように高温多湿で分解者の活動が盛んなシステムでは，有機物は速やかに無機物に還元され微生物や植物に再利用される．しかし，中〜高緯度地方では低温によって分解の進行が妨げられ，分解を待つ有機物の層が地表に厚く堆積する．堆積有機物の層には多くの土壌微生物や土壌動物が生息して，複雑な腐食連鎖が発達する．土壌動物にもさまざまな栄養段階のものがあり，落ち葉などの生物遺骸を食べるもの，分解者と腐植の混濁物を食べるもの，肉食のものなど多種多様である．これらより上位の栄養段階に，地表性の肉食甲虫やクモやゲジがおり，さらにその上位には中・小型の哺乳類（地中棲のモグラやヒミズ，地上棲のげっ歯類や食肉目など）や鳥類がいる．このようにして，地下の腐食連鎖と地上の**生食連鎖**（grazing food chain）は栄養的に連環し，一つのまとまったシステムを形成している（図 4.5）．

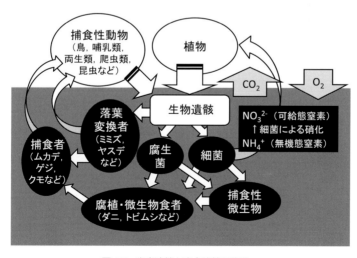

図 4.5 生食連鎖と腐食連鎖の連環．

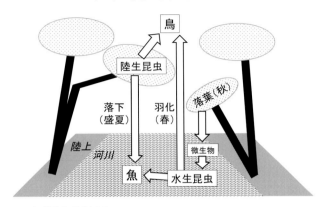

図 4.6 森林と河川の相補的な栄養循環．
河川の栄養循環は，森林から流入した落葉の分解からはじまる．また，それぞれの生態系において最上位捕食者（魚，鳥）の餌が不足する季節に，他方の生態系から餌が供給される．

（4） 森林と河川の関係

　森林は遺伝子・種レベルでの多様性が高いだけでなく，他の生態系と栄養的に結びつくことで，地域全体の生物多様性を高めてもいる．たとえば，落葉樹林と河川の間には相補的な（補い合うような）栄養循環があることが知られている（Nakano & Murakami 2001：図 4.6）．森のなかを流れる渓流には，毎年秋になると川岸から大量の落葉が流れ込み，これを起点とした腐食連鎖が駆動される．その連鎖のなかに，分解者と落葉の混濁物を食べる水生昆虫や肉食の水生昆虫がいて，これらの昆虫をサケ科などの魚類が餌とする．春になると水生昆虫の一部は羽化して飛び立つ．この羽化昆虫は，植食昆虫が少ない春の森林では鳥類の貴重な餌源となっている．やがて盛夏になると，川岸の樹冠から川面へと多くの陸生昆虫が落下する．この時期，河川水中の落葉はすでに分解が進んで乏しく，そのため魚類の餌となる水生昆虫も乏しい．落下昆虫は，そのような厳しい時期に魚類を支える重要な餌となるのである．なお近年，陸生昆虫が河川に落下する行動には，寄生虫の**宿主操作**が大きく関わっていることもわかってきている（コラム 4）．

　このように，森林の生態系はさまざまな経路によって他の生態系と複雑に結びつき，相互に影響しあって，互いの生物多様性を支えあっている．「生態系の多様性」（1.3 節（3））がいかに重要かを示す一例である．

コラム 4
寄生者による宿主の操作

カマキリやキリギリスなどの陸生昆虫に内部寄生するハリガネムシは，宿主の脳内物質を操作して陸と川を自在に行き来する（図）．ハリガネムシは水中で交配し産卵する．幼生はカゲロウやカワゲラなどの水生昆虫へ寄生するが，水生昆虫の羽化とともに陸へ移動する．それら昆虫が陸生のカマキリなどの昆虫に捕食されるとハリガネムシ自身も捕食者の体内に移動する．やがて新しい宿主はハリガネムシの出すタンパク質によって行動を操作され，自ら水に飛び込んでしまう．ハリガネムシは宿主が魚に食われる前に宿主の体内から脱出し，再び水中に戻って繁殖する．ハリガネムシが落下させる昆虫が河川のエネルギー循環に与える影響は大きく，ヤマトイワナ（サケ科魚類）が1年に摂取するエネルギー量の6割を占めたとの報告もある（Sato et al. 2011）．近年の研究から，宿主の行動を寄生者が操作するケースは珍しくないことがわかってきた．生態系のなかでの寄生者をめぐるエネルギー流は従来あまり注目されていなかったが，今後この分野の解明が進んでいくだろう．

このような話を聞くと薄気味悪く感じる人もいるかもしれない．しかし，生態系はきれいごと抜きの命のやり取りで成り立っており，生命は「それぞれがただ在るように在るだけ（漆原 2002）」である．単純な好き嫌いで判断せず，さまざまな生命の在り様を受け入れることが，生物多様性保全の第一歩ではないだろうか．

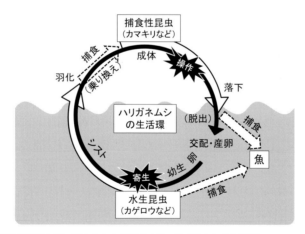

図 宿主を利用して，陸上と水中を往来するハリガネムシの生活環．
ハリガネムシの宿主操作によって多くの落下昆虫が河川生態系にもたらされる．
Sato et al.（2011）をもとに作成．

4.2 森林生態系の機能とサービス

人類は森林生態系からさまざまな福利を得ており，それらは第1章で紹介した4種類の生態系サービスに分類されている．なお，同じ生態系機能が複数のサービス分類に含まれうることに注意されたい．たとえば「光合成」という生態系機能は，基盤・調整・供給サービスのすべてをもたらす．享受するサービスの内容や程度は人によって異なるので，ここに挙げた以外にもさまざまなサービスが考えられる．

(1) 基盤サービス

一次生産（光合成），有機物の分解，窒素循環などによって森林生態系を駆動する作用を基盤サービスと称する．人間の体に例えると，呼吸，食事，新陳代謝，排せつ，免疫作用など，生命を維持する作用にあたる．多様な生物の生息環境となって生物多様性を維持する，という機能も基盤サービスに分類される．なぜなら，生物多様性が健康な森林を支えているからである．

(2) 調整サービス

森林は光合成によって温室効果をもたらす炭酸ガス（CO_2）を吸収し，結果として地球規模の気候変動を緩和する効果をもつ．光合成は他の生態系でも行われるが，森林で吸収・固定されている炭素の量は陸域の他の生態系より圧倒的に大きい（表4.1）．森林は総面積が大きい上，面積あたりの純生産量（光合成による炭素固定量から呼吸や分解による消費量を引いたもの）も他の生態系より比較的大きく，さらに難分解性の有機物（たとえば木の幹や枝など）として大量の炭素を蓄えているためである．

また，森林には流域の水量を安定化させる効果もある．森林の土壌は多孔質（スポンジ状）であり，地表に落ちた降水は一時的にこの孔に蓄えられる．溜まった水の一部はそのまま植物に吸収され，蒸散されて大気圏へ戻る．残りの水はいったん土壌に溜め込まれた後で基岩層へ浸透し，不透水層を伝って徐々に河川へ浸出する．これにより，河川水の量は降水に比べて時間的に平均化されるので，洪水や渇水の発生がある程度予防される．

表 4.1 陸域生態系の各バイオームにおける蓄積（バイオマス）と NPP（純一次生産：植物の光合成による有機物の生産速度）．数値は千葉（2011）による．

	総面積 (10^6 km²)	面積あたりの有機物蓄積 (Mg/ha)	総蓄積 (面積 × 蓄積) ($\times 10^9$ Mg)	NPP (Mg/ha/年)
熱帯林・亜熱帯林	17.6	240	422.4	19
温帯林	10.4	114	118.6	11
北方林	13.7	128	175.4	7
熱帯サバンナ	22.5	58	130.5	13
温帯草地	12.5	14	17.5	8
砂漠・半砂漠	45.5	4	18.2	2
ツンドラ	9.5	12	11.4	3
湿地	16.0	86	137.6	7
農地	3.5	4	1.4	9

海岸や広い平野など風の強い地域では，人工または天然の防風林が集落の周囲に設けられ，強風や砂の害から集落を守ってきた．防風林には各地域の景観に溶け込み一体となっているものもあり（「屋敷林」など），文化的価値もある．

他にも，森林内での生物間相互作用の結果として，野生生物の個体数変動や病虫害の大発生が防止される（いずれも第3章を参照）など，さまざまな調整サービスがある．

(3) 供給サービス

森林から得られる生活資源は，食品（鳥獣肉，飲料，山菜，果実，キノコなど），薪や炭などの燃料，肥料となる腐葉土，木材，紙，木質繊維など多岐にわたる．これらの資源は先史時代から人々の暮らしを支えてきた．低緯度地方の多くの地域では，現在も薪や炭がもっとも一般的な燃料である．一方，経済開発が進んだ国では自然資源への依存が低くなり，集約的農法で生産された食品，化学肥料，合成繊維や非生物建材の相対的重要性が増す．そのため，自然資源への依存度は経済的に貧しい国々ほど強い傾向がある．こうした国際格差が，さまざまな形で森林の減少や劣化を引き起こしている（4.3節参照）．

森林生物の豊富な遺伝資源（1.4節参照）も注目されている．なかでも，遺伝的多様性が高くかつ未発見種の多い熱帯林は，遺伝資源の宝庫として注目されている．熱帯林の樹木の二次代謝物質からは，HIVやがんなどの重大疾病に有効

な新薬も見いだされている．これらの新薬の開発は人類の健康に貢献する一方で，莫大な富をも生み出す．そのため，遺伝資源の知的所有権をめぐり熱帯林の地主である途上国と先進国の開発業者が激しく対立してきた．そこで生物多様性条約において，遺伝資源を利用する際に提供国の利益を保護することが取り決められた．さらに，生物多様性条約第10回締約国会議（COP10）で採択された**名古屋議定書**では，提供国の許可なく遺伝資源を国外へ持ち出さないことや，遺伝資源から得られた利益を提供国に配分することがルールとして定められた．

(4) 文化的サービス

多くの日本人にとっては，このサービスこそもっとも身近に感じられるものかもしれない．**世界自然遺産**（人類全体のために保存すべき遺産としてユネスコにより認定された地域）の知床半島，白神山地，屋久島は大部分が森である．**世界文化遺産**の熊野古道も日光東照宮も森に息づいており，奈良も京都も鎌倉も森を背負っている．近所の神社には鎮守の森があり，小学校や都市公園にもちょっとした森がある．森はこうしたさまざまな形で多くの日本人の心象風景に刷り込まれている．木も日本人の好む材料であり，「総檜（ひのき）造り」「檜風呂」「桐（きり）の箪笥（たんす）」「一枚板のテーブル」といった言葉に憧れを感じる人もいるだろう．日本と同じようにアジア諸国や欧米にも，木造住宅や，木造の神輿（みこし）をかつぐ祭事や，薪炭を採取するための里山（4.3節 (2) b，第6章も参照）や，森林浴やトレッキングに出かける森がある．また，南米や中央アフリカなどの外部経済と隔絶された地域には，現在も森林に依拠した固有の生活を営む民族がある．このように，地球上の至る所で，人類は多種多様な森林文化を発展させてきた．そうした文化が，都市化が進む現代にあっても人々の精神生活を根底で支えている．

以上のように森林はさまざまなサービスを提供するが，一方で森林には人間にとって厄介な特性（**生態系ディスサービス**）もある．河畔に樹林が繁茂すると生物は豊かになる反面，洪水時に下流の集落へ倒木が流れていく危険も懸念される．森林内の遺伝資源が豊富であることは，未知の病原菌やウィルスが危険な病気をもたらす可能性も高いことを意味する．人々の生活圏のなかにある森林は，日常生活に楽しみや安らぎをもたらす反面，害虫の発生や動物の媒介する感染症，犯罪リスクの増加などを引き起こすかもしれない．もともと，生態系の機能

は人間のためのものではないから，当然人にとって都合が悪い面もある．それでも，総合的なバランスで見ればサービスの方がディスサービスより圧倒的に大きい．生態系サービスを持続的に享受するためには，このバランスを考えて，ディスサービスと上手に折り合っていく工夫が必要である．

　森林のサービスの持続的利用には，環境経済学的な難しさもある．第1章に述べたように，供給サービスと他のサービスの間にはトレードオフの傾向がある．たとえば，天然林を伐採して木材を売れば短期的には儲かるが，伐採跡地は，長期的に土壌の流亡や動植物の減少をもたらすことになる．こうした事態を避けるには，供給サービスだけを最大化しないよう，サービス間のバランスを考えた森林管理が必要である．だが多くの場合，森林の管理は，基盤・調整・文化的サービスの受給者である多数の市民や生態系ではなく，供給サービスの受給権をもつ森林所有者に委ねられている．森林所有者が広い視野に立って公共の利益を最優先しなければ，サービス間のバランスは保たれず，森林の減少や劣化が進行していくことになる．次節では，こうした現状について詳しく考える．

4.3　森林の減少と劣化

　2000〜2010年の間に，世界の森林面積は年あたり13万 km^2 の速度で減少した（FAO 2015）．わずか10年間で，日本の国土の3.5個分にあたる膨大な面積の森林が失われたことになる．この驚くべき喪失はどのように起こっているのだろうか．一方で，森林の現状は面積の変化だけでは語れない．FAOの定義では，樹冠被覆が10%を超える樹林地はすべて「森林」に含まれるので，樹木の密度の低下や，それに伴う炭素蓄積や種多様性の減少は，面積統計には表れないためである．本節の後半では，こうした森林の質的な劣化の傾向について分析する．

(1)　森林の減少

　2000〜2010年にかけてもっとも森林減少の激しかった南米地域では，年あたり38684 km^2 もの熱帯林が消失した（FAO 2015）．東・南アフリカ（17702 km^2/年），西・中央アフリカ（13675 km^2/年），中米（2370 km^2/年）の消失速度がこれに続く．上記は植林による再森林化の速度を差し引いた計算なので，天然林の

減少速度はもっと大きい（後述）．

　森林が消失する理由は国々の経済事情によって異なるが（図4.7），もっとも多いのは農耕地への土地利用転換による消失である．南米では商用農産物（木綿，大豆，食肉とくに牛肉，サトウキビ，パーム油）のための森林開発が著しく，一方アジアやアフリカでは自給用の食糧生産のために森林が開拓される．地下資源の採掘や，都市開発に伴う森林破壊もある．山火事などの気象災害による消失もあり，これは気候変動による山火事の発生頻度の増加により深刻化が懸念されている．

　木材生産のために消失した森林の面積は，統計上は他の要因に比べて意外に少ない（図4.7）．しかし，土地利用転換と木材生産には根深い因果がある．たとえば，天然林を皆伐して材木を販売し，その跡地をアブラヤシ園などに転換する例が知られる．このような場合，アブラヤシ園を経営する企業はパーム油生産そのものより木材販売による収益を当て込んでいるとの指摘もあり（スクデフ2013），実質的には木材生産のための森林開発ともみなせる．また，木材を搬出するために敷設した林道を伝って住民が森へ侵入するようになり，農地開拓や盗伐，密猟が行われたりする例もある．このように，土地利用転換のせいにされている森林消失には，実際は木材生産と無関係でないものが相当含まれる．

　森林の減少により，各種の生態系サービスが失われ，甚大かつ多岐にわたる負

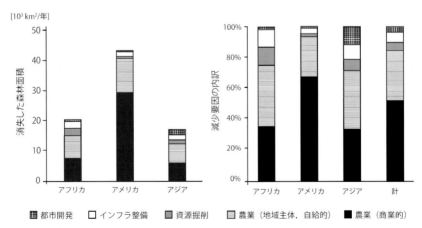

図 4.7　大陸ごとの森林減少速度と減少要因（2000〜2010年）．
FAO（2016）より改変．

の影響が生じる（FAO 2016）．もっとも世界的に懸念されるのは地球環境の激変である．森林の消失は，気候変動を加速させ，自然災害の頻発，海洋酸性化やサンゴの白化，海面上昇に伴う陸地面積の減少につながる．とくに，陸域最大の炭素貯蔵庫である熱帯降雨林の消失によるダメージは大きい．森が無くなると，植被や土壌が水の動きを調整する機能も損なわれる．河川水量や地下水量の時間変動が緩和されなくなり，下流で渇水や水害が起こりやすくなる．地表を水が直接流れ，土砂が洗い流されやすくなって植生回復が困難となる（ただ，これらの影響が洪水や土砂災害の増加に直結するかどうかは議論が分かれている）．さらに，森林，とくに熱帯雨林に固有な生物相の絶滅が加速し，多くの魅力的な生き物とともに，未知の可能性を秘めた遺伝資源も失われる．森林から得られる食料や生活物資に依存した地域社会も衰退していくだろう．

　残念ながら，これらの損失は，先進国の国民や都市住民には実感されにくい．そこで，生態系サービスの消失による損失をわかりやすくするため，通貨価値で表す取り組みが行われている．国連環境計画（UNEP）が主導した研究プロジェクト「生態系と生物多様性の経済学（The Economy of Ecosystems and Biodiversity：TEEB）」では，マダガスカルのマソアラ国立公園（2100 km^{2}の大部分が森林）の価値が1億1650万米ドルと見積もられた．この価値の大部分を占めるのが気候変動緩和効果であり（1億511万ドル），他に森林の土壌侵食抑止（38万ドル），観光収益（516万ドル），地域社会への恩恵（427万ドル），公園内に生息する多様な生物からの遺伝資源の期待純益（158万ドル）などが計上されている（TEEB 2008）．もし，南米地域の熱帯雨林の面積あたりの価値がこれと同等であったとすれば，2000～2010年に消失した面積からして，毎年19億ドル以上の損害を世界経済が受けた可能性がある．この計算はかなり乱暴だがありえない規模ではない．1997～2011年の世界の熱帯林消失による損失を1.8～3.5兆米ドルと見積もった報告もある（Costanza et al. 2014）．森林減少による損失は，いかなる手段でも補償しきれない可能性がある．

(2)　森林の質的劣化

　森林の質的劣化とは，森林生態系の健全さや機能が損なわれることを意味し，樹種構成の変化，生物多様性の減少，樹冠被覆の減少，木材の蓄積量の変化や炭素吸収量の減少などが含まれる（UNEP, FAO, UNFF 2009）．森林の質的劣化

(degradation) に関するまとまった統計はなく，その世界的実情は明らかでない．森林劣化はその原因から，オーバーユース（利用過剰）による劣化とアンダーユース（利用不足）による劣化に大別される．

a. オーバーユースによる劣化　熱帯林では，収奪的伐採による森林劣化が深刻である．東南アジアではもはや原生林はほとんど存在せず，ほとんどが劣化した天然林となっているとされる（北山ほか 2011）．たとえばマレーシア・サバ州の，収奪的な択伐が 30 年間行われた地域では，地上部現存量（バイオマス）が原生林の 33％，樹木の種数は原生林の 62％まで減少し，直径 5〜10 cm の若木の数は原生林の 6 割程度で，直径 1 m を超える大木は 1 本も見られなかった（Imai et al. 2012）．この劣化した林では森林棲の哺乳類の出現頻度も低かったという（Imai et al. 2009）．また，近年の東南アジア熱帯では森林火災の増加による劣化が拡大している．

b. アンダーユースによる劣化　先進国では途上国と反対に，森林の利用不足に伴う劣化が進行している．これらの国々では歴史的に，地理的に人がアクセス可能な森のほとんどが，木材生産や燃料材採取，林内放牧，肥料採取などの利用に供せられてきた．なかでも里山林（薪炭林，いわゆる雑木林）は，燃料材の持続的な収穫を主用途とする特殊なシステムである（第 6 章参照）．そこでは成長が速く，切株から再生する（萌芽）能力の高い樹種（コナラ属など）が優占しており，気候条件にもよるが 20〜40 年程度で元のような林に再生する．こうした林は伐採〜再生のサイクルに合わせて遷移初期〜中期の状態を行き来し，種多様性が高く，明所環境を好む動植物が多く生息する．かつての日本では，人手の届かない奥地林と人が管理する里山が併存することで，さまざまな遷移段階の森林が存在し，それぞれの環境を好む生物種の生存が可能だったと考えられる．しかし，高度経済成長期に起こったエネルギー革命や地方の過疎化により，里山林の利用は 1970 年代までにほぼ完全に停止した．その結果，里山林では遷移が進行して暗い森となり，遷移初期〜中期の明るい環境を好む種は姿を消しつつある．こうした変化が日本中で一斉に起こっているために，里山性の種のなかには絶滅が危惧されるものもある．暗い遷移後期の環境を好む種だけが残り，攪乱に適応した種群が失われていく（**生物学的均質化**：biological homogenization）ことは，日本と同様に里山の管理放棄問題を抱えるヨーロッパ諸国でも，広く懸念されている（Rackham 2008）．

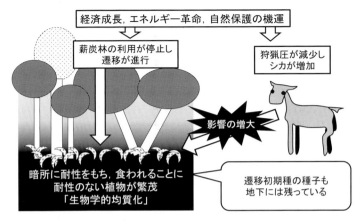

図 4.8 里山林の遷移による生物学的均質化とシカによる影響の増大.

　生物学的均質化は種多様性の喪失だけでなく，森林生態系のレジリエンス低下や機能不全をも引き起こす（Suzuki 2013：図 4.8）．近年，ニホンジカの個体数密度が日本中で増加し，農業被害や森林植生への影響が深刻化している（コラム 5）．シカの増加が懸念され始めた 1980〜2000 年頃，日本の森林は管理放棄が進んで遷移が進行し，遷移後期種を中心とする植生に変化していた．遷移後期種の植物の多くは遷移初期種と比べて成長が遅く，植食者への防御も苦手な傾向がある（強力な毒を作る遷移後期種もあるが，例外的である）．このような状況でシカが増えれば，植生は急速に衰退し，ひどい場合は完全に消失する．こうした森林では，昆虫や他の動物相の多様性も減少し，表土の流亡が進み，河川水の水質まで変化することもある（福島ほか 2014）．もとはといえば森林の管理放棄が原因で，成長や防御を苦手とする植物が増えてしまい（均質化），これによって森林のレジリエンスが低下し，シカの増加に耐えられずに機能低下が起こったといえる．森林の管理放棄による生物学的均質化はヨーロッパや北米でも大きな問題となっているが，それらの国々でもやはり，シカ類の増加による生態系への影響が深刻化している（Rackham 2008）．

(3) 森林の増加（reforestation/afforestation）

　2000〜2010 年には再森林化の進行も顕著であった．とくに中国，ベトナム，アメリカ合衆国において，非森林地域への植林が進み，これらの国では森林面積

コラム 5
ニホンジカの増加はなぜ起こったか

近年大きな社会問題となっているニホンジカ（シカ）の増加は，まさに戦後日本の森林生態系の変化によって生み出された問題といえる．世代によっては，シカが一時は絶滅を危ぶまれた動物だと知らない人もいるだろう．シカはもともと日本全国にいた野生動物である．縄文時代から人間によって食肉利用や獣害対策のため捕殺され，また徐々に生息地を奪われてきた．とくに明治維新以降，さまざまな理由でシカの捕獲圧が増加するとともに，木材や燃料材の過剰採取による森林の劣化・減少も加速したため，シカは多くの地域で姿を消し，絶滅の危機に瀕した（図）．ところが戦後の経済成長とともに日本の森林は面積，蓄積とも回復に転じ，また狩猟規制が厳格化したこともあって，シカの個体数は回復に向かった．いまでは農作物被害などが顕著になり，増えすぎた状態になっている．現在のシカ問題はこのような歴史の延長上に位置している．シカと同様に近年話題となっているイノシシ，サル，クマなどの動物についても同じことがいえる．

日本で戦後長らく獣害問題が話題に上らなかったのは，単に野生動物が異常に減っていたからにすぎない．生息環境が改善されれば動物の個体数は回復し，個体数が回復すれば人里へ出てくる個体も増え，近代化以前のように人と動物の軋轢が増していく．野生動物とともに生きていくということは，昔の人と同じように日々「獣害」と向き合うことを意味する．この負担は被害地域の住民だけでなく，野生動物との共生を望む社会全体が負うべきものだろう．

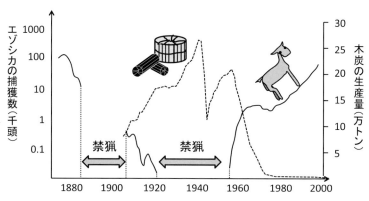

図 エゾシカ捕獲数（実線）と日本の木炭生産量（破線）の変化．
エゾシカの捕獲数と木炭生産量の増減傾向が相反していることに注意．
禁猟期間のエゾシカと 1910 年より前の木炭生産量はデータがない．松田（2000），宮本（2014）より改変．

が減少から増加に転じた地域もある（FAO 2015）．再森林化により，炭素固定速度が増加し，森林植被が増えて地表の浸食や土砂の移動が抑止されるなどの効果が期待される．しかし，植林が進んでいる国々では往々にして天然林の減少傾向が続いている．概して植林地は，生物多様性も生態系サービスも天然林より低くなりがちである（4.4節参照）．そのため，失われた天然林の機能を植林によって完全に補償することは難しい．森林面積に占める人工林の割合は世界的に増加傾向にあり，生物多様性の低下が懸念されている．

(4) 「誰のせいなのか？」

テレビや新聞で報じられる熱帯林の現状に心を痛めながらも，対岸の火事のように感じる人は多いかもしれない．しかし，熱帯林の現状は決して当事者国だけの責任ではない．

日本は世界でも屈指の木材・木質原料の輸入国である．輸入される木材や木質原料には，持続的な経営方針で管理された生産林ではなく，持続不可能な天然林伐採によるものも含まれるようだ．私たちはこうして輸出国における天然林の減少に間接的な責任を負っている．

天然林がアブラヤシ植林に転換されることも日本と関係がある（第7章参照）．日本のパーム油消費量は世界的に見ても大きく，1年間に国民1人あたりが消費するパーム油の量はアブラヤシ園 $10\,\mathrm{m}^2$ 分にも相当する．このような需要が，多くの先進国と中国やインドなど新興国でも起こっているのである．今後も世界人口の増加が続けば，安価なパーム油の生産は伸び続け，熱帯林の減少は続くだろう．

2012年，Nature 誌に**生物多様性フットプリント**（biodiversity footprint）を扱った衝撃的な記事が掲載された（Lenzen et al. 2012）．生物多様性フットプリントとは，複雑な多国間貿易によって隠された生物多様性への間接的な責任を透明化する活動である（Nature 誌の市民向け解説記事（News & Views）は，"Remote Responsibility"＝「遠隔責任」という言葉でこの論文の意義を報じている（Hertwich 2012））．たとえば，メキシコと中米に生息するクモザルは，コーヒーやココアの生産による影響で生息地を失い，絶滅の危機にある．この場合，クモザルの危機に対する責任は，当事国だけでなく，コーヒーの製造や販売で利益を得ている外国の企業や，末端の消費国も負うべきではないのか？　このよう

な考えに立ち，Lenzenらは IUCN のレッドリストに掲載された絶滅危惧種のそれぞれについて，種の危機的状況に関与している商取引の「足跡」を追跡し，各国が何種の生物の状況に対して遠隔責任を負っているか数え上げた．その結果，調査時点でもっとも多くの種について遠隔責任を負っていた国はアメリカ合衆国で，2番目が日本であったという．自国の森林ではアンダーユースによる「第2の危機」を抱える日本が，木材，紙製品，パーム油，コーヒー，ココアなどの製品を輸入することで他国の森林減少と「第1の危機」に膨大な責任を負っているとは，何とも皮肉な話である．

こうした現状を少しでも変えるために，国や企業のレベルでも，個人の消費活動のレベルでも，さまざまな取り組みが行われている．次節では，森林の機能を保全する取り組みについて紹介したい．

4.4　森林の利用と保全

前節で見てきたように，森林生態系の保全には二つの大目標がある．まずは森林の面積つまり「量」を維持すること，そして，残された森林の「質」すなわちバランスのとれたサービスや豊かな生物相を維持することである．どちらの目標を達成するにも，森林管理技術の改善と，社会体制や経済面での支援を両輪として推し進める必要がある．以下に，これら二つの取り組みについて紹介していく．

(1)　森林保全を進める経済的な仕組み

2000年代以降，衛星観測の発達・普及により，人里離れた奥地での森林減少をリアルタイムで観測できるようになった．その結果，違法伐採の実情が透明化し，政府や NGO による取り締まりの有効性が高まった．森林保全に向かう国際世論の高まりを受け，熱帯林各国の政府も対策を強化した．たとえばブラジルでは，2006年以降に熱帯林から転換された農地の生産物（大豆）が流通を禁じられる一方，それ以前に開発された農地で持続的に生産を続けるための技術開発が進められている（Nepstad et al. 2014）．これらの努力により，ブラジルなど南米諸国では近年，森林面積の減少速度が低下してきているものの，熱帯地域の森林減少速度は依然，高い水準にある（FAO 2015）．

このような森林減少速度の地理分布は，今後も変化していくだろう．すでに見てきたとおり，森林減少速度は世界経済の動向に敏感である（たとえば，ブラジルの森林減少速度が減少に転じた背景には，ブラジル産大豆や肉牛の世界市場での行き詰まりがあったといわれている）．今後の世界経済の動き次第では，現在は森林が豊かな地域が減少に転じる可能性もある．森林の量的減少を食い止めるには，渦中にある地域の政府や市民の努力だけでなく，国際社会の協力が不可欠である．そこで，国際社会の協力を後押しするためのツールが検討されている．以下にそのようなツールのうち2点を紹介する．

a. 森林認証制度　森林保全を後押しすることができるメカニズムの一つに**森林認証制度**がある．生態系サービスや生物多様性，経済的持続性などの観点から適切に管理運営されている森林を「認証」し，そこからの生産物に付加価値を付ける制度である．認証された木材，木材製品や紙製品などは，森林保全を志向する消費者（個人，自治体，企業など）に好んで取り引きされるため，比較的高値で販売できる．このような比較優位（インセンティブ）によって，適正に管理された森林が増え，その結果，生産に供しない天然林の保護も進むことが期待されている．

この制度が機能するためには，森林保全に関心の高い市場がある程度の規模で存在し，かつ認証制度自体が信頼に足るものでなくてはならない．森林認証を行っている主体は様々で，認証基準もまちまちである．現在，世界的にもっとも安定した評価を得ているのは，FSC®（Forest Stewardship Council®）という国際機関が行っている**FSC認証**である（第7章も参照）．FSCは，環境保全，地域社会の利益，経済的持続可能性などの観点から森林の管理運営の状況を評価する．審査を通過した森林からの生産物にはFSC認証のロゴマーク（図4.9）が付与される．このマークは，付された商品に市場でインセンティブを与えるだけでなく，学校で森林保全の教材として使ったり，企業の環境配慮意識を宣伝する素材として利用したり，さまざまな使い途があるだろう．こうした取り組みによって，FSC認証産物の市場も確保され，森林保全に向けた国際世論の強化にもつながることが期待される．

b. REDD+（レッドプラス）　REDD+[1]は，途上国の森林の減少や劣化を抑止することで，温

---

1) REDD+：Reducing emissions from deforestation and forest degradation and the role of conservation, sustainable management of forests and enhancement of forest carbon stocks in developing countries

図 4.9 FSC®（Forest Stewardship Council®）のロゴマーク

室効果ガスである二酸化炭素（CO_2）の排出を減らすための仕組みである．熱帯林を保有する途上国での森林の減少や劣化は，世界の CO_2 排出量のおよそ 11% にも及ぶため，気候変動の効果を緩和するためにはこれらの森林の保全が不可欠である．そこで，熱帯林を保全するための取り組みを行った国や企業が，削減された CO_2 排出量を自国・自社の CO_2 削減努力量として計上する，という仕組みが考え出された．これが REDD＋ である．REDD＋ が実施されると，途上国の森林保全活動に対して先進国から資金提供が行われる．経済発展と保全の板挟みに苦しむ途上国と，CO_2 排出量削減目標の達成に苦慮する先進国の双方にとって，森林保全への強力な動機付けとなりうる．

REDD＋ の仕組みは 2005 年の気候変動枠組条約第 11 回締約国会議（COP11）で最初に提案され，長年にわたる議論や検討を経て 2013 年の COP19 にて基本方針の決定に至った．この間に，生物多様性や生態系サービスが保全され，森林とともに暮らす先住民や地域社会の権利が守られた取り組みだけを取引の対象とすることや，削減努力のモニタリング手段などの工夫が徐々に盛り込まれていった．

REDD＋ のような会計収支上の制度には，森林保有国だけでなく，さまざまな主体を協力関係に巻き込めるという強みがある．一方で，REDD＋ のような「カーボンオフセット」（CO_2 排出削減にかかる資金と引き換えに CO_2 排出権を譲り受ける仕組み）には，いろいろな問題も指摘されている．本来，CO_2 排出量を削減することはすべての人に帰属する平等な責任であって，譲渡や売買の対象にすべきものではない（サンデル 2014）．先進国や大企業が，カーボンオフセットの実施を口実に，自ら行うべき努力を堂々と怠れば，社会全体の信頼と協力を損なうかもしれない．また，オフセット取引は途上国の森林保護へのコストある

いは費用が，先進国のCO_2排出を実際に削減する費用より安いことを前提としている．したがって将来，途上国と先進国の格差が縮小してくると，この仕組みは破綻する可能性が高い．

これらの懸念の下でもなお，REDD＋は途上国の森林面積の減少を食い止める切り札として国際社会から期待されている．国連としてのREDD＋の運用はまだ準備段階だが，すでに各国の自主的な活動がはじまっている．たとえばインドネシアはREDD＋のパイロットプロジェクトを多数導入しており，日本でもREDD＋での取引を視野に入れて途上国の植林活動に着手した企業がある．現在は国連としての運用開始に向け，資金の動員方法についての議論が進められている．

当然ながら，これらの経済的な仕組みが成功するためには，農林業における技術革新が不可欠である．FSC認証やREDD＋による運動は，生物学的・社会的・経済的に持続可能な森林管理の方式がなければそもそも成り立たない（持続可能な林業生産に向けた取り組みについては次項で詳しく述べる）．また，森林保全のためには農業生産の持続性も重要である．なぜなら，森林周辺の農地の生産が行き詰まると，農地拡大のため森林破壊が繰り返されるからである．持続可能な農業・林業技術の確立に向けた取り組みは，生態学，森林科学，土木工学といった幅広い分野の研究者により模索が続けられている．

また近年は，生物保護区や保護林の見直しも進められている（第7章参照）．保護区の設置は，自然度の高い森林を保全する際に基本となる仕組みである．その目的から，初期の保護区はもっぱら人里離れた奥地の森林に設定されてきた．しかし，この方針には二つの問題があった．一つは，実際に森林破壊が起こりやすいのは，人里に近くアクセスのよい森林であること．もう一つは，アクセスが悪すぎると監視の目が行き届かなくなることである．実際，ブラジル国内には2000年代前半に多数の保護林が設定されたが，これら二つの理由で十分な効果を上げることができなかった（Nepstad et al. 2014）．インドネシアでも同様に，ほとんどの保護林で今も違法伐採が続いている．こうした失敗を防ぐためには，設置段階で，期待される効果や管理効率を考えて場所を選ぶことや，設置後にモニタリングを継続することが欠かせない．

(2) 森林の劣化を防ぐ林業技術

　森林の質的劣化を防ぎ，生物多様性や生態系サービスの高い森林を維持することの必要性はすでに述べたとおりである．生物多様性の高い森は，①樹木種の多様性が高く，②巨大で複雑な三次元構造があり，③適度に林冠ギャップがあって林床の光環境が不均質で，④分解系の起点となる落葉落枝や腐朽木が豊富に存在する林である．①〜④の条件に合った森林は，基盤サービスや調整サービスも高い．そうした森林を育成すること自体は技術的には難しくないが，問題は経済性である．木材生産の経済効率がもっともよい森林は，①〜④の逆の条件をもつ．すなわち同じ年齢・大きさの単一の樹種が大面積に植わっていて（一斉林），商品価値のない腐朽木や邪魔な倒木が除去されている林である．一斉林施業（間引きや朽木除去を行いながら一斉林を育成し，一度に伐採する）が世界中でもっとも広く普及しているのは，作業の安全性や効率が高く，技術的にも易しく，生産される材の質と価格が安定しているからである．しかし，一斉林は生物多様性が低い上に，収穫時期には全生態系サービスが失われるという大きな欠点がある．これは第1章で見た「サービス間のトレードオフ」の一例である．

　そこで，木材生産の経済性を度外視して，供給サービス以外のサービスや生物多様性の高い状態を保つような代替施業がさまざまに検討されてきた．以下に説明するいずれの代替施業も，従来の市場ルールに基づく競争では一斉林に劣る．代替施業の導入にあたっては，すでに述べた取り組みにより，将来的に生物多様性や生態系サービスが競争ルールに盛り込まれることが期待されている．

a. 人工林における近自然施業　ヨーロッパや欧米では，針葉樹人工林を局所的に伐採することで林の構造を複雑化し，生物多様性を高める取り組みが行われている（close-to-nature forestry や natural disturbance emulation などと呼ぶ：森 2007，Kuuluvinen & Grenfell 2012）．伐採跡地（人工ギャップ）に適度な大きさがあり，近くに天然林があれば，ギャップへ天然林の草木が侵入して生育し，植物の多様性の高い森林に変化しうる．日本でも，一斉林の環境を天然林に近づけるため，小面積ごとに伐採してギャップを作ったり（異齢林化），複数の樹種を混ぜて植えたり（混植），枯れ木や倒木をそのまま残したり（立木保持施業）する方法が試行されている（五十嵐ほか 2014）．なお，最近は経済的な理由や人手不足から人工林の伐採を遅らせることが多く（長伐期化），その結果として人工林の高齢化が進んでいる．高齢化した人工林のなかは明るく，下層植生が

図 4.10 東京大学千葉演習林の複層林.
左右の写真とも，スギの一斉林を間伐して複層林化した場所．左は間伐後にスギの苗を植栽した「二段林」．右は，スギを強度に間伐して下層を明るくし，自然の木の侵入を促した例で，これも広義の複層林と呼ばれる（写真：山本博一・當山啓介）．

繁茂して複雑な構造となっており，若齢林よりは天然林に近い種組成や構造をもつようになることが知られている．

　ある程度成長した一斉林を間伐し，空いた所に若い木を植えて，人工林を「2段」にする取り組みも進められている（複層林施業：図4.10）．この方法では，ギャップ更新に頼るよりも確実かつ速やかに，複雑な構造を作り出せる．一斉林の弱点のうち「生物多様性の低さ」「調整サービスの低さ」「伐採時に裸地化」の3点が克服でき，美観もよいとされる．ただ残念ながら，管理育成コストが大きく，立地を選び，気象害や病虫害に遭いやすく，収穫が難しい．つまり，技術的に難しい上に供給サービスが低い．そのため私有林での導入はあまり進まず，国公有林や大学演習林などで導入されているにすぎない．

　b. 天然林施業　木材生産のための人工林はある意味「贅沢品」であり，大部分の途上国では天然林からの収奪的な伐採から林業収入を得ている．こうした国々では，経済的な発展を支える林業生産を完全に止めることは現実的ではない．そのような場合，一部の天然林において，森林の機能やサービスを維持しつつ持続可能な林業生産を行い，それ以外の天然林をできるだけ保護することが，当面の目標とされている．

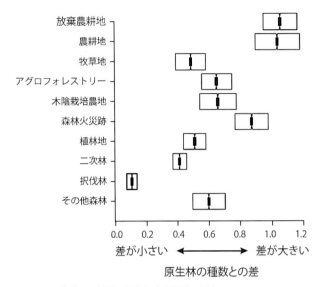

図 4.11 熱帯域における原生林の土地利用転換による種数の減少.
さまざまな地域から得られた 50 報以上の研究報告に基づく．択伐林では他の土地利用タイプへの転換に比べて種数の減り方が小さい．横軸の値は標準化された平均種数の差で，黒いバーと左右の箱は中央値と四分位数．Gibson（2011）を改変．

　天然林施業の基本は収穫木を択伐（抜き伐り）することで，これは人工林の皆伐に比べて収穫時の周囲へのインパクトははるかに弱い．択伐林の生物種数は原生林にさほど劣らないとの報告もあり（Wilcove et al. 2013, Edwards et al. 2014），少なくとも他の土地利用タイプに比べればずっとましである（図 4.11）．とはいえ択伐にも問題がないわけではない．熱帯林には，択伐林の明るく高温な環境を苦手とする生物や，道路を超えて移動できない生物も多く，それらは択伐によって減少してしまう（Edwards et al. 2014）．また，大量の伐採を繰り返せば森の構造は単純化し，若木の加入や残った木の成長が追い付かなくなり，森林は衰退する．森林のレジリエンスを過信した択伐施業は，決して持続的ではない．
　そこで，収穫量を厳格に管理した上で，伐採のインパクトを最小限に抑える**低インパクト択伐**（reduced impact logging）が，マレーシアやインドネシアの一部で試みられている．低インパクト択伐では，対象林分の状況をモニタリングしながら，森林の成長量に見合う分だけを収穫する．若い木は切らず，動物の餌になる果実をつける樹種も切らない．集材道のつけ方はよく工夫し，収穫によって

生じるギャップはできるだけ小さくし，雨期の収穫は避ける．このような管理は煩雑でコストも大きいが，森林の劣化を防ぐ効果は大きい（Imai et al. 2009, 2012）．しかも，植物相や動物相は通常の択伐林より原生林に近いことが知られている（Imai et al. 2009, 2012）．さらに，作業員がトレーニングを積むことによる，作業現場の安全衛生面の向上も期待される（Putz et al. 2008）．今後も技術的な改善が続けば，この地域の森林劣化を防ぐ施業方針として期待できるかもしれない．

　択伐地での林業生産が持続的となれば，より多くの原生林を保護することもできる．その場合，保護林はできるだけ一か所にまとめて設定するのが望ましい．それが不可能な場合には，保護された原生林の間を択伐林でつなぐことで生物の移動が可能になり，種の多様性を維持することができる（Edwards et al. 2014）．こうした生息地や生態系をつなぐ移動経路は**生態学的回廊**（エコロジカル・コリドー）と呼ばれている．

第 5 章

沿岸生態系とその保全

　　沿岸の浅海域には，豊かな生物多様性を育むさまざまな生態系が存在する．しかし，現在，それらは人間活動の影響を受け，危機的な状況にある．本章では，沿岸浅海域で特徴的な生態系を形成するサンゴ礁，マングローブ域（マングローブ林とその周辺水域），砂浜海岸について，その環境とそこに棲む生物，とくに魚類がいまどのような状況になっているのかを概説し，それらの保全について考えてみる．陸域と同様に，沿岸浅海域においても生息環境の破壊や改変が，生物多様性に大きな影響をもたらしていることを述べる．

5.1　沿岸浅海域の生態系と生物多様性

　♪海はひろいな～，♪おおきいな～，と童謡・唱歌にあるように，海は地球表面の約70％を占めており，広大な世界である．そこには真核生物の記載種だけで約20万種（地球上の全真核生物の16％），未記載種を含めると約221万種が存在するといわれている．日本の近海では，約33000種が分布しており，このなかでは貝類やイカ・タコ類などの軟体動物が約8700種ともっとも多い．続いてエビ・カニ類などの甲殻類が約6300種，魚類が3800種，星砂で有名な有孔虫類が約2400種，クラゲやイソギンチャク，サンゴなどの刺胞動物が約1900種となっている（Fujikura et al. 2010）．また，海洋生物は陸域の生物に比べて特異なものが多い．高次分類群で見ると，全36動物門のうち棘皮動物（ヒトデ類やウニ類など），尾索動物（ホヤ類など），有櫛動物（クシクラゲ類）などの19門は海域特有である．海域には，このように私たちが想像する以上の多種多様な生物が棲んでいる．さらに，これらの生物のなかには，人類の食料や医薬品などとしての重要な種も多い．したがって，海洋生物はその多様性を保全しながら，持

続的に利用しなければならない天然資源である.

　沿岸の浅海域は，海域のごくわずかな面積しか占めていない.しかし，そこにはサンゴ礁，マングローブ域，藻場，砂浜，干潟など，独特な生態系が形成され，多くの生物が棲んでいる.たとえば，世界のサンゴ礁の面積は約 284000 km^2 (日本の本州，九州，四国を合わせた面積に相当) であり，全海洋面積 (約 3 億 6100 万 km^2) のわずか 0.08% にすぎない.しかし，そこには少なくとも 6000 種の魚類が生息しており，これは世界の海水魚の 3 分の 1 に相当する.さらに，魚類以外でも，3300 種以上の二枚貝類や 1500 種以上の棘皮動物，400 種以上の口脚類 (シャコ類) など，さまざまな生物が見られる (Spalding et al. 2001).

　このように，沿岸浅海域には特有な生態系が存在し，生物多様性の高い場所となっているが，大きな問題も抱えている.それは，人口密度の高い都市が沿岸域に集中して存在することである.沿岸の都市には，世界の人口の半分以上が住んでいる.このため，沿岸浅海域は人間活動の影響を受けやすい.実際，海岸の埋立てや浚渫(しゅんせつ)(土砂の除去)，護岸などの人工化，生活・産業排水による過剰な栄養塩や有害物質の流入などによって，それぞれの生態系の規模は大幅に縮小し，生息環境は劣化の一途をたどっている.たとえば，マングローブ域では 1980 年からの 25 年間で，世界のマングローブ林面積の約 20% が消失した.また，日本においては，藻場(もば)(海藻や海草の群落) の面積は 1973 年に 2070 km^2 あったが，1995 年には半分以下の 920 km^2 まで減少した.さらに，東京湾では戦前に約 140 km^2 あった干潟が，1990 年までに 10 km^2 までに減ってしまうとともに，赤潮や貧酸素水塊の発生が増大した.

　人間活動が沿岸浅海域の生物多様性に及ぼす影響については，環境省 (2011) の海洋生物多様性保全戦略にまとめられている.これによると，人為的影響をもたらす要因は，①生息場の破壊につながる物理的な改変，②生態系の質的劣化につながる汚水，化学物質，廃棄物の排出，③気候変動，④過剰な捕獲，⑤外来種の導入である.気候変動とは，地球温暖化に伴う海水温の上昇や大気中の二酸化炭素 (CO_2) 濃度の増加による海水の酸性化などのことである.これらの要因は，それぞれの生態系において個体群を縮小させたり，消滅に導いたりして，生物多様性を低下させる.

　次節以降では，人為的な影響で荒廃がすすむサンゴ礁，マングローブ域，砂浜

海岸について，その現状を具体的に説明することにする．なお，藻場や干潟などの他の生態系については紙面の都合上，この章では割愛する．Larkum et al. (2006)，藤田ほか (2010)，大阪市立自然史博物館・大阪自然史センター (2008) などを参照されたい．

5.2 サンゴ礁

(1) 造礁サンゴ

サンゴ礁（coral reef）と**造礁サンゴ**（hermatypic coral）はまったく異なるものである．造礁サンゴは刺胞動物の仲間で，石灰質の骨格をもち，**褐虫藻**（zooxanthella）という単細胞の微細藻類を体内に共生させているグループである．一方，サンゴ礁は造礁サンゴ，貝類，有孔虫類などの骨格や殻，つまり石灰質の硬組織が集積することによって作られた地形，あるいは構築物のことである（図5.1）．造礁サンゴはサンゴ礁の形成に重要な役割を果たすため，造礁サンゴと呼ばれている．なお，褐虫藻をもつサンゴは有藻性サンゴとも呼ばれ，造礁サンゴと有藻性サンゴはほぼ同義とみなされている（深見 2016）．

造礁サンゴ（以下，サンゴとする）の体はイソギンチャクに似ており，一つの個体をポリプと呼ぶ（図5.2）．このポリプは縮むと，莢というサンゴ骨格の穴のなかに入る．ほとんどのサンゴは複数のポリプからなる群体を形成しており，ポリプが分裂や出芽することによって数が多くなり，群体が成長していく．このように，サンゴは無性生殖をするが，精子と卵子を作ることによって有性生殖も

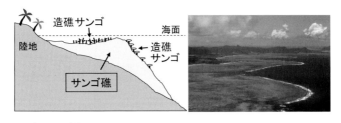

図 5.1 造礁サンゴとサンゴ礁．
このように，島などの陸地に接して発達したサンゴ礁を裾礁と呼ぶ．南西諸島のサンゴ礁はほぼこのタイプである．

5.2 サンゴ礁

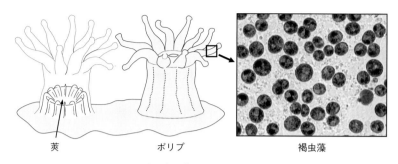

莢　　　　　ポリプ　　　　　褐虫藻

図 5.2 サンゴのポリプと褐虫藻（写真：横地洋之）．

行う．大部分のサンゴは固着性で，群体の形は枝状，テーブル状，塊状，被覆状などさまざまである．

　褐虫藻はサンゴの体内に存在し，大きさは 0.01 mm で，その密度はサンゴ骨格の表面 1 cm^2 あたり数十万から数百万にも及ぶ（図 5.2）．褐虫藻とサンゴの両者は**相利共生**の関係にある．褐虫藻はサンゴに安定した棲み場所を提供してもらいながら，自身の生活に必要な有機物を光合成によって生産している．この光合成に必要な材料は，サンゴの呼吸によって生じる CO_2 と，老廃物として出る栄養塩から得ている．つまり，褐虫藻はサンゴから食と住の両方を得ている．一方，サンゴは，褐虫藻が光合成で作った有機物のほとんど（約 90％）をもらい，生存や成長の大部分に利用している．したがって，サンゴは褐虫藻がいないと生活できない．

　造礁サンゴは世界の熱帯・亜熱帯域の浅い海（水深 30 m ぐらいまで）に分布し，その種数はインド・西太平洋で 700 種を超えるといわれている．多くの種が属する科はミドリイシ科，サザナミサンゴ科，ハマサンゴ科などである．サンゴが浅い場所に分布するのは，褐虫藻の光合成のために十分な光を必要とするからである．

　サンゴ礁において，サンゴは海底の基質に密生し，複雑で安定した立体構造を作り出す．この立体構造が他の生物へ棲み場所や採餌場を提供するようになる．さらに，サンゴは生物なので，多くの動物の餌となる．こうして，サンゴ礁では種多様性が高くなる．たとえば，オーストラリアの北東岸に位置するグレート・バリア・リーフでは，約 1500 種の魚類，約 4000 種の軟体動物，約 800 種の棘皮動物，約 400 種の海綿動物など，多種多様な生物がサンゴ礁を生息場としてい

る．サンゴはサンゴ礁生態系の構築において重要な役割を担っており，このような生物のことを**基盤種**（foundation species）と呼ぶ（Bruno & Bertness 2001, Altieri & van de Koppel 2014）．

(2) 現　　状

サンゴ礁生態系の基盤種であるサンゴは，現在，世界中で大規模に死滅し，深刻な問題となっている．死滅したサンゴの被度（ある面積内において，死んだサンゴが占めている割合）は，1988年以降，世界平均で40％近くにも達している．また，サンゴの90％以上が死んで，回復の兆しがないという状態は，世界のサンゴ礁の約20％で見られるという報告もある（Wilkinson 2006, McCauley et al. 2015）．

このような世界規模での死滅は，おもに**オニヒトデ**（*Acanthaster planci*）の大発生と**サンゴの白化**（coral bleaching）が原因となっている．オニヒトデはインド・太平洋の熱帯・亜熱帯域のサンゴ礁に分布する大型のヒトデである（図5.3）．大きさは直径が20～35 cmで，14～18本の腕をもつ．体の全体に多数の鋭い毒棘があり，これに刺されると強烈に痛むので注意が必要である．オニヒトデはサンゴだけを餌とし，生息密度は通常かなり低い．サンゴ礁を数 kmにわたって調査しても，1個体観察できるかどうかという程度である．しかし，1960年代以降，このオニヒトデが沖縄を含め，インド・太平洋の各地でたびたび大発生するようになった．大発生すると，狭い範囲に数十個体が群がり，サンゴを食

図 5.3　オニヒトデ．
　　　　左はサンゴを食べている個体（口絵参照）．食べた部分は白くなっている．
　　　　右は大発生したときの状態（写真：横地洋之）．

べ尽くしながら移動するようになる（図5.3）．こうなると，サンゴは大量に食害され，全滅の一途をたどる．

　オニヒトデの大発生の原因はまだよくわかっていない．しかし，現段階では，人間活動に由来する沿岸海域の富栄養化が，オニヒトデ幼生の餌となる植物プランクトンを増加させ，幼生の生残率を高めたとする説が有力である．オニヒトデの雌は年間に数百万から数千万粒の多量の卵を産む．このため，卵から孵化した幼生の生残率がわずかに上昇するだけでも，稚ヒトデや成体までに生き残る個体数は膨大になる．オニヒトデは現在も所々で大発生している．

　一方，サンゴの大規模な白化は1979年以降，世界各地で頻繁に見られるようになった（Baker et al. 2008）．とくに，1997年から1998年にかけて起こった白化は地球規模で見られ，世界のサンゴ礁の16%が壊滅的なダメージを受けた．

　白化とは，サンゴに共生している褐虫藻が，高水温や低塩分，強光などのストレスにより弱ったり，死んだりして色素を失い，このため白いサンゴ骨格が透けて見える状態のことをいう．ふつう私たちが見ているサンゴの色は，褐虫藻の色とサンゴが作る蛍光物質が重なった状態のものである．サンゴ自体はほとんど色素をもたないため，褐虫藻の色素が失われると白い石灰質の骨格が透けて，サンゴは白っぽく見える（図5.4）．これが白化現象である．

　サンゴは白化してもしばらくの間は生きている．このため，生きている間にストレスが軽減されれば，周囲の環境中から健全な褐虫藻を取り入れたり，体内に残っていた褐虫藻が増殖したりすることによって，サンゴはもとの健康な状態に回復することができる．しかし，白化した状態が数週間以上続くと，多くのサン

 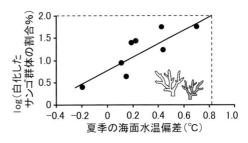

図 5.4　白化したサンゴ（左）およびカリブ海における各年の夏季（8〜10月）の海面水温偏差と白化したサンゴ群体の割合との関係（右）．
　　　各年の海面水温偏差は，1961年から1990年までの30年間の夏季平均水温からの差．縦軸は対数変換してあることに注意．McWilliams et al.（2005）より改変．

ゴは死んでしまう．これは，サンゴが褐虫藻から光合成産物をもらうことができず，栄養不良になってしまうためであると考えられている．したがって，白化によってもサンゴの大量死が起こる．

近年，世界各地で見られている大規模白化の要因は，**地球温暖化**に伴う海水温の上昇である．たいていのサンゴの生息至適水温は27℃前後であるが，一般的に30℃を超える日が長く続くと高温ストレスによって白化が起きる．過去にはそのような高水温はほとんどなかったが，近年では夏季に多くのサンゴ礁から高水温が報告されるようになった．またカリブ海において，白化が起こったときの水温と1990年以前の30年間の夏季平均水温との差（水温偏差）を求め，白化の程度と比較してみると，夏季の水温が平均水温からわずかに上昇するだけで，多くのサンゴが白化することが明らかになった（図5.4）．この結果によると，水温偏差が0.8℃以上になるとほぼすべてのサンゴが白化する．気象庁の予測では，地球温暖化によって2100年までに沖縄の海面水温は約2℃上昇するという．さらに，地球温暖化に加え，今後進行が予想される**海洋酸性化**は，白化の度合いを高めると指摘する研究者もいる（諏訪ほか2010）．このため，白化による影響は今後，ますます深刻になっていくと考えられる．なお，サンゴの白化やオニヒトデについてのさらに詳しい解説は，本川（2008）や日本サンゴ礁学会（2011）などを参照するとよい．

では，サンゴが白化やオニヒトデの食害によって大規模に死滅した場合，枝状サンゴの立体構造はどのようになるのだろうか．サンゴが死滅すると，骨格全体に芝状藻類（おもに紅藻からなる糸状の小型海藻）が生育しはじめ，骨格は白色から茶褐色を呈するようになる．死後数か月が経過すると，サンゴ骨格の複雑な立体構造は生物侵食や物理侵食を受けて徐々に崩壊しはじめる．生物侵食とは，二枚貝類や海綿動物などが骨格内に穿孔したり，ブダイ類などの魚類やウニ類が芝状藻類を採餌するために，骨格表面を削り取ったりすることである．一方，物理侵食とは，波浪などによって骨格が折れたりすることである．死んだサンゴの骨格は生物侵食により細く，もろくなっているので，物理侵食を受けやすくなる．死後数年が経つと，サンゴ枝の立体構造は著しく崩壊し，サンゴ礁は瓦礫（がれき）の山と化してしまう（図5.5）．

このようなサンゴの死滅は，そこに棲んでいる魚類にも大きな影響を及ぼす（Wilson et al. 2006, Pratchett et al. 2008, 2011）．たとえば，オニヒトデの食害に

図 5.5 複雑な立体構造が崩れた死滅サンゴ.
左は死後 1 年以上が経過した状態.まだ立体構造は少し残っている.死後数年が経つと,平坦な礫の状態になってしまう(右).

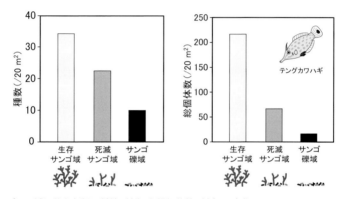

図 5.6 サンゴの死滅に伴う魚類の種数(左)と総個体数(右)の変化.
死滅サンゴ域とは,オニヒトデの食害後 2 年が経過し,サンゴ骨格の立体構造が生存時の半分以下になってしまった場所.サンゴ礫域は,さらに 2 年が経ち(死後 4 年),平坦な礫の状態になった場所.生存サンゴ域はオニヒトデの食害を受けず,ほぼすべての枝状サンゴが生存している場所.Sano et al. (1987) より改変.

よって枝状サンゴが全滅し,立体構造が生存時の半分以下になってしまった場所(死滅サンゴ域)では,サンゴが健全な場所(生存サンゴ域)と比べ,魚類の種数は 3 分の 2,総個体数は 3 分の 1 まで減少する.さらに,死滅サンゴ域が平坦な礫の状態(サンゴ礫域)になってしまうと(図 5.5),種数は生存サンゴ域の 3 分の 1 以下,総個体数は 10 分の 1 以下に激減してしまう(図 5.6).この理由としては,サンゴを餌として専食する多くの魚類,たとえばミスジチョウチョウオやテングカワハギなどがサンゴの死滅とともに消失するためである.また,サ

ンゴ枝の複雑な立体構造を隠れ場や避難場として利用するスズメダイ類やイソギンポ類などの小型魚が，立体構造の崩壊とともに減少するためである．とくに，サンゴ枝の崩壊は大きな影響を与え，魚類の種数と個体数は著しく減少する．これらの結果は，サンゴの生存が魚類の豊かな種多様性の形成と維持に重要であることを示している（佐野 1995）．

(3) サンゴの回復

　前項で述べたように，現在，サンゴはオニヒトデの食害や白化などによる被害を受け，多くの場所で壊滅的な状態となっている．しかし，その一方で，死滅したサンゴが回復する場合も見られる．死滅後，その原因が取り除かれ，生息環境が改善されれば，生き残った一部のサンゴが成長したり，サンゴ幼生が新たに加入・成長したりすることによって，サンゴは回復する．加入とは，水中に浮遊している幼生が海底に着底し，成長をはじめることである．回復に必要な時間は地域によって異なるが，5〜10年程度といわれている（Pandolfi et al. 2011）．

　サンゴの回復に伴って，減少していた魚類ももとのような状態に戻ることが多い．琉球諸島 西表島の網取湾では，オニヒトデの大発生によって枝状サンゴは壊滅し，1986年までには平坦な礫の状態になってしまった．しかし，1988〜1989年頃からサンゴ幼生の加入が見られ，稚サンゴがあちこちで出現しはじめた．その後，稚サンゴは成長し，1995年には一面に広がるサンゴ群集が形成され，死滅前と同じ様相になった．魚類の種数と総個体数は，礫の状態では明瞭に少なかったが，サンゴの回復に伴って増加し，最終的には種組成も含めて，近隣の生存サンゴ域のものとほぼ同じになった（図5.7）．サンゴや魚類がこのように回復するのは，それらの局所個体群が浮遊卵や浮遊幼生・仔魚の移動分散でつながった**メタ個体群**を形成しているからである（第2章参照）．仔魚とは孵化してから稚魚になるまでの発育段階の個体で，ほとんどの硬骨魚類では浮遊生活を送る．

(4) サンゴ群集から海藻藻場へのレジームシフト

　サンゴは，オニヒトデの食害や白化などの攪乱（一過性で急激に起こる環境変化やイベント）によって大規模に死滅しても，攪乱がおさまり，環境が改善されれば回復し，サンゴ礁生態系は再生することが多い．つまり，**レジリエンス**は高

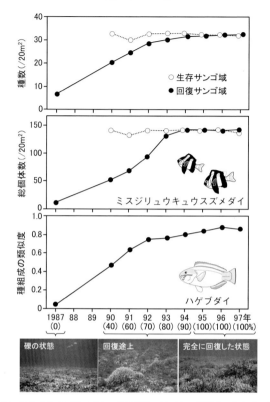

図 5.7 サンゴの回復に伴う成魚の種数（上），総個体数（中央），種組成の類似度（下）の変化．横軸の括弧内の数値は回復サンゴ域における生存サンゴの被度（%）を示す．回復サンゴ域では，オニヒトデの食害によってサンゴが死滅し，1987年まで平坦な礫の状態であった．しかし，1988～1989年頃から枝状サンゴの回復がはじまり，1995年には生存サンゴの被度が100%となり，死滅前の状態に戻った．生存サンゴ域は，オニヒトデの食害を免れた近隣の健全な枝状サンゴ域である．種組成の類似度は，各年において回復サンゴ域と生存サンゴ域の間で求めた類似度である．種組成が完全に一致すれば，類似度は1となる．Sano (2000) より改変．

いということである（第2章参照）．しかし，攪乱に加え，恒常的な環境悪化が続くとサンゴ礁の景観が突然，大きく変わってしまうことがある．これは**レジームシフト**と呼ばれ（第2章参照），サンゴ礁ではサンゴ群集から**海藻藻場**（seaweed bed）への変化が知られている．たとえば，カリブ海のジャマイカでは1970年代，サンゴの被度はほぼ40%以上と高く，大型海藻（褐藻）は10%以下と低かった．しかし，1990年代になると逆転する現象が起こり，大型海藻が多くなってしまった（図5.8）．現在，沖縄でも同様な状況となっている．

図 5.8 カリブ海のサンゴ礁におけるサンゴ群集から大型海藻藻場への変化（左）．Bruno et al.（2009）より改変．右の写真は，沖縄においてレジームシフトした大型褐藻藻場．褐藻の被度は 36％，高さは平均約 40 cm．

　サンゴ礁において，藻場へのレジームシフトが起こる環境要因としては，乱獲による藻食魚の減少や陸域からの過剰な栄養塩負荷が指摘されている．ただし，場所によっては水深や海底の状態なども関与しているという（Graham et al. 2015）．通常の状態ではブダイ類やニザダイ類，アイゴ類などの藻食魚が多く，これらが藻類を大量に採食するので海藻は大きく生長できない．しかし，藻食魚が少なくなると採食圧が低下し，海藻が繁茂するようになる．実際，サンゴ礁に $25 m^2$ のケージを設置し，藻食魚を実験的に排除すると，20 週後ぐらいからホンダワラ類の大型海藻が繁茂しはじめ，30 か月後，それらは高さが約 3 m，株数は 1000 株以上，被度は 56％になったという．一方，ケージを設置しなかった場所では海藻の増加は認められず，被度は 7％であった（Hughes et al. 2007）．

　近年，サンゴ礁の魚類は乱獲され，藻食魚は大幅に減少している（Edwards et al. 2014）．さらに，陸域からの生活排水や産業排水による過剰な栄養塩が流入し，サンゴ礁は富栄養化の傾向にある．したがって，海藻は，藻食魚の減少による採食圧の低下と栄養塩の増加といった環境条件の変化によって急速に生長し，サンゴ群集に取って代わるようになる．これが藻場へのレジームシフトである．このシフトは，オニヒトデの大発生や白化などによるサンゴの大量死が攪乱となり，環境条件が閾値に達する前に起こってしまうことがある（図 5.9）．

　レジームシフトによっていったん藻場が形成されはじめると，もとのようなサンゴ群集に回復するのはたいへん難しくなる．逆に，ますます海藻が増えるという連鎖的な悪循環に陥ってしまう可能性がある（図 5.10）．生長した海藻はサンゴを上方から覆ってしまうため，褐虫藻の光合成活動を弱め，サンゴの成長低下

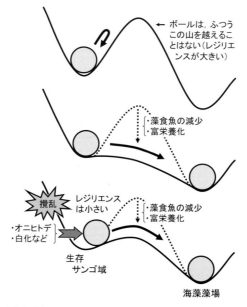

図 5.9 生存サンゴ域から海藻藻場へのレジームシフト．
サンゴ礁生態系は，ふつうレジリエンスが高い（上）．しかし，藻食魚の減少や陸域からの過剰な栄養塩負荷が続くと，藻場へレジームシフトする（中央）．オニヒトデの大発生や白化によってサンゴが大規模に死滅すると，それが攪乱となり，藻食魚の個体数密度や栄養塩濃度が閾値に達する前にレジームシフトが起こってしまう（下）．Bellwood et al. (2004) より改変．

や死亡を引き起こす．また，海藻の繁茂はサンゴ幼生の加入を阻害する．したがって，海藻が増えると生存サンゴの被度は急激に減少し，死サンゴが増え，それらの立体構造は崩壊していく．そうなると，立体構造を避難場などに利用している藻食魚の稚魚は，捕食されたりして成魚まで生き残る個体は少なくなる．藻食魚の成魚は乱獲と稚魚の減少により激減し，海藻への採食圧は低下する．さらに，富栄養化も加わり，藻場はますます大きくなっていくという悪循環が生じる．こうなると，サンゴ群集への回復は難しくなり，藻食魚の個体数密度をレジームシフトの時点よりもはるかに高くしたり，栄養塩濃度を極端に低減したりしなければ，サンゴ群集に戻らなくなる可能性がでてくる（第2章参照）．

では，サンゴが死滅して礫になった場所に大型褐藻の藻場が形成された場合，そこにはどのような魚類が出現するのであろうか．ホンダワラ類などの大型褐藻が繁茂すると，何もない平坦なところに立体構造ができる（図5.8）．このため，そこには多くの魚類が集まるのではないかと予想される．しかし，そのような現

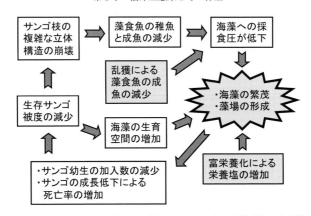

図 5.10 レジームシフトによって藻場が形成されはじめると，海藻がますます増えるという連鎖的な悪循環．
Mumby & Steneck（2008）より改変．

象はこれまでに報告されていない（Wilson et al. 2010）．たとえば，西表島において藻場になった場所と礫のままの場所とを比較した研究では，魚類の種数と総個体数はほとんど同じであった．一方，枝状サンゴの生存域と比べてみると，その差は歴然であり，藻場の種数は3分の1，総個体数は8分の1であった．藻場で見られたおもな魚類はマトフエフキやアカニジベラなどであり，生存サンゴ域ではほとんど観察されない種であった（Sano 2001）．

このように，レジームシフトによって藻場に変化してしまうと，サンゴ群集への回復はほとんど期待できず，また種多様性も低下してしまう．

（5） 外来魚の影響

近年，西大西洋やカリブ海のサンゴ礁では外来の魚食魚が増殖し，在来魚類群集への脅威となっている．その外来魚とはフサカサゴ科ミノカサゴ属の2種，ハナミノカサゴ（*Pterois volitans*）と *Pterois miles* である．ミノカサゴ属は従来，インド・太平洋に生息する魚類で，ハナミノカサゴは東インド洋のココス諸島から南太平洋のピトケアン諸島まで，*P. miles* はインドネシアのスマトラから南アフリカ，紅海まで分布する．英名では，その体形から lionfish と呼ばれている．背鰭，腹鰭，臀鰭には毒棘をもつ．

ハナミノカサゴ，あるいは *P. miles* が大西洋で最初に発見されたのは1985年であり，場所はフロリダ半島南部であった．ホームアクアリウムの飼い主が放流

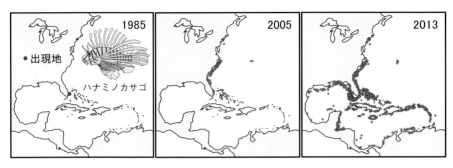

図 5.11 西大西洋とカリブ海に侵入したミノカサゴ属の2種（ハナミノカサゴとPterois miles）の分布拡大の様子.
Lionfish Research Program, Reef Environmental Foundation より改変.

したためといわれている．その後，両種は急速に分布を拡大し，現在ではカリブ海を含めた西大西洋の熱帯・亜熱帯のほぼ全域に分布するようになってしまった（図5.11）．バハマでは現在，ハナミノカサゴのみが分布するが，その生息個体数密度は原産地の太平洋（80個体/ha）よりも多く，1 ha あたり390個体以上という場所もある（Albins & Hixon 2013）．こうなると，駆除による根絶は不可能となる．

ハナミノカサゴとP. miles は魚食性で，稚魚を含めた小型魚を貪欲に食べる．このため，小型魚の種数や個体数は極端に減少し，在来の魚類群集へ深刻な影響を与えている．バハマのサンゴ礁では，ハナミノカサゴの侵入によって小型魚の種数が21％，総個体数が46％も減少したという（Albins 2015）．また，野外実験において，魚食魚のいないサンゴパッチ（面積は $4\,m^2$）にハナミノカサゴ1個体を導入すると，小型魚はほとんど増えなかったのに対し，導入しなかったパッチでは稚魚の加入などによって小型魚が増加した．一方，ハナミノカサゴの代わりに在来の魚食魚（ユカタハタ属の一種）を導入した場合では，小型魚は減少しないで，逆に増加した（図5.12）．

ミノカサゴ類の両種が西大西洋の広い範囲に侵入し，異常増殖した理由については，①卵から孵化した仔魚の浮遊期が長いこと，②産卵数が多いこと，③捕食者がほとんどいないことなどが指摘されている（Côté et al. 2013）．ミノカサゴ類の仔魚は海洋の表層を約26日間浮遊してから海底に着底し，稚魚になる．この長い浮遊期の間に仔魚は広範囲に分散し，分布を拡大することができる．侵入

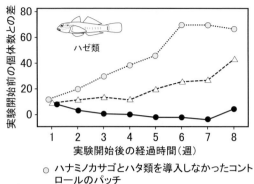

図 5.12 バハマにおいて，ハナミノカサゴ（1個体）と在来魚食魚のユカタハタ属の一種（1個体）を導入したサンゴパッチと，しなかったサンゴパッチにおける小型魚（全長5cm以下のハゼ類やスズメダイ類など）の総個体数の経時変化．
サンゴパッチの面積は4 m^2．Albins (2013) より改変．

先の在来魚はこれまでミノカサゴ類と出会ったことがなく，魚食魚であることを認知していない．このため，在来魚はミノカサゴ類が近寄っても警戒しないので，たやすく捕食されてしまう．ミノカサゴ類は在来魚を活発に食べ続けるため，成長は早まり，産まれてから1年以内に成熟して多量の卵（200万粒以上/年/雌）を産むようになる．一方，在来の大型魚食魚は，ミノカサゴ類が毒棘をもつため，ほとんど捕食しないらしい．

(6) 保　　全

これまで述べてきたように，サンゴ礁生態系はオニヒトデの食害，白化，レジームシフト，外来魚などによって大きな打撃を受け，危機的な状況にある．このため，生態系を破壊する要因を早急に取り除き，健全な状態に戻して，確実に保全する必要がある．そのためには，基盤種であるサンゴの再生と保全が重要となってくる．ここでは，その対策のいくつかを紹介する（日本サンゴ礁学会 2011）．

サンゴ礁生態系において，いま大きな問題の一つとなっているのは海藻藻場へのレジームシフトである．いったん藻場になってしまうと，サンゴ群集への回復はかなり難しくなるからである．このため，レジームシフトが起きないようにす

ることが，第一に重要である．レジームシフトのおもな原因は藻食魚の減少と富栄養化である．したがって，これらの要因をできるだけ除去し，生態系がレジリエンスを高く保てるようにしなければならない．つまり，これは図 5.9 の山を高く保ち，低くしてはいけないということである．低くしなければ，攪乱があってもボールは山を越えることはない．

　藻食魚の減少要因は乱獲であるといわれている．乱獲は，それぞれの地域の実情にあわせた資源管理を実践することで，回避・軽減することがかなり可能となる．たとえば，漁獲量の制限，**生物の採取を完全に禁止する海洋保護区**（no-take marine protected area：以下 NMPA と呼ぶ）の設置，獲れすぎる漁具・漁法の制限，村落が主体となった取締りなどは有効な管理手法である．NMPA 内では漁獲が禁止されるため，藻食魚の大型個体や成魚は保護され，個体数の減少を抑えることができる（Mumby et al. 2006）．NMPA 内で藻食魚が増えると，一部の個体は外側の海域に出ていく．これを**スピルオーバー**（spillover）と呼ぶ．移出した個体が大型海藻を食べることによって，周辺サンゴ礁のフェーズシフトが抑制される．また，NMPA 内では藻食魚が多く存在することでフェーズシフトは起こらず，サンゴ群集は良好な状態を維持することができる．NMPA については改善すべき課題もあるが，サンゴ礁においてはとくに有効な管理方策の一つである（コラム 6）．

　一方，富栄養化対策としては，陸域からの生活排水や産業排水による過剰な栄養塩負荷の低減が考えられる．このためには，規制とともに，下水道や浄化槽の設置・整備，さらには窒素やリンを取り除く高度処理などの下水処理が重要となる．ただし，下水処理は費用が高くつくので，開発途上国では難しい面がある．また，近年，畜産に由来する栄養塩負荷，すなわち家畜の排泄物の処理が問題となっており，対策が求められている．

　オニヒトデの大発生の原因については，まだ解明されていない．このため，現在とられている対策は対症療法的なものとなっており，駆除に重点が置かれている．駆除の主要な方法は，ダイバーがオニヒトデを 1 個体ずつ海底から採りあげるというものである．日本における大規模な駆除としては，1970〜1983 年の大発生時に沖縄島で約 1300 万個体，慶良間諸島の座間味海域で 2002 年に約 83000 個体，先島諸島の八重山海域で 2009 年に約 96000 個体などの例がある．しかし，沖縄島の駆除では島全体の広大な範囲を守ろうとしたため，採り残しが多く，結

コラム 6
海洋保護区

　海洋保護区（MPA）に関する世界共通の定義は，いまのところない．しかし，日本では環境省が国際的な議論を踏まえて，2011年に定めた以下の定義がある．

> 「MPAとは，海洋生態系の健全な構造と機能を支える生物多様性の保全および生態系サービスの持続可能な利用を目的として，利用形態を考慮し，法律又はその他の効果的な手法により管理される明確に特定された区域」

　この定義によると，MPAは管理手法が効果的であれば必ずしも法的規制は必要なく，地域における慣習などによっても管理することができる．また，MPA内の動植物の採取は禁じられていない．つまり，「MPA＝完全禁漁（no-take）区」というわけではなく，水産生物などの持続可能な利用も目的に含まれている．

　日本ではMPAに該当する区域として，自然公園の海域公園，自然環境保全地区の海中特別地区，鳥獣保護区，水産生物の保護水面などが挙げられている．ただし，すべての動植物の採取を法的に禁止したno-take MPA（NMPA）はまだ存在していない．一方，諸外国ではNMPAが設置されており，その効果が報告されている．Lester et al.（2009）のレビューによれば，NMPAが設置されると魚類や大型無脊椎動物の種数，個体数，重量，体長が有意に増加し，スピルオーバー効果も認められるという．しかし，MPAの面積，数，場所などを具体的にどのように設定したらよいのか，また十分な管理体制をとるための人的，資金的な支援の確保，管理効果を評価するシステムの開発など，課題もある．

果的にオニヒトデの大発生を長期化させ，大部分のサンゴが死滅してしまった．このため，現在は駆除する区域を限定し，徹底的に取り除くという方式をとっている．たとえば，慶良間諸島では「守るべき」，「守りたい」，「守れる」という3基準から決めた最重要保全区域を定め，オニヒトデを駆除している．「守るべき」場所とは貴重で良好なサンゴ群集が存在していたり，サンゴ幼生の供給源として重要であったりする場所のことである．また「守りたい」場所とは重要なダイビングポイントや漁場などがあり，経済的価値の高いところ，「守れる」場所とは港からの距離や海況などにより，長期にわたって持続的に駆除活動ができる場所のことである（谷口 2010）．オニヒトデの駆除は水中において手作業で行われるため，完全に駆除できる範囲は限られる．このため，最重要保全区域の面積は必然的に小さくなるが（10～40 ha），駆除効果は高いと評価されている．

　サンゴの白化の要因は，地球温暖化による海水温の上昇である．根本的な対策

としては温室効果ガスの排出量を地球規模で削減し，温暖化を抑制することである．これは温暖化への**緩和策**（mitigation）と呼ばれている．しかし，地球規模での削減は先行きが不透明であり，今後も温暖化は進行すると予想されている．したがって，温暖化が避けられない以上，水温上昇に対するサンゴの抵抗力を少しでも高めることが重要となる．このためには，サンゴに高水温以外の他のストレスを多く与え続けることは避け，水質悪化や土壌流出など，対処できそうな地域規模のストレスを排除・低減していくことが効果的であると考えられている（Gilmour et al. 2013）．それぞれの地域において，こうした環境的，社会的な側面から温暖化の影響を減らそうという試みは，温暖化への**適応策**（adaptation）と呼ばれている．

サンゴ礁生態系がこれ以上荒廃しないよう，今後，私たちが取り組まなければならないことは，温室効果ガスの排出量削減はもちろんであるが，それとともに地域規模のストレスをできる限り取り除くことである．そうすれば，サンゴは，オニヒトデの食害や白化の頻度が低下したときに，5〜10年程度で回復する可能性がある．また，それに伴って激減していた魚類も増加する．サンゴ礁生態系の再生と保全は，この自然の回復力をいかに活かすかにかかっているといえる．

5.3 マングローブ域

(1) マングローブと生物多様性

マングローブは，熱帯・亜熱帯の河口や海岸の潮間帯，あるいはその近くに生育する樹木群の総称である．**潮間帯**（intertidal zone）とは，大潮時の最高高潮線と最低低潮線の間にある区域であり，満潮時には冠水し，干潮時には干出する（図5.13）．マングローブという名称には樹林全体を指す場合と，樹林を構成する種を指す場合があるので，ここでは前者をマングローブ林，後者をマングローブと呼んで区別することにする．干潮時には，マングローブ林内やその周辺水域の基底はほぼ干出し，そこには大小さまざまな水溜りや水路が形成される（図5.14）．

マングローブは全世界に60〜70種程度が分布しており，それらはおもにヒルギ科（約17種），ヒルギダマシ科（約8種），ハマザクロ科（約6種）などに属

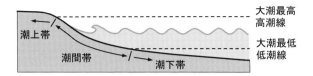

図 5.13 潮間帯.
海岸の勾配が小さくなるほど，また潮差が大きくなるほど潮間帯の幅は広くなる．

図 5.14 満潮時（左）と干潮時（右）のマングローブ林.
干潮時には，林内やその周辺域に大小さまざまな水溜りや水路が形成される．

する．日本における主要種はオヒルギ，メヒルギ，ヤエヤマヒルギ，マヤプシキ（ハマザクロ），ヒルギダマシ，ヒルギモドキなどであり，自然分布は鹿児島県種子島以南といわれている（寺田ほか 2013）．

マングローブは海水の影響を受ける環境に生育するため，塩排斥機能をもつ．たとえば，根から吸水する際に塩分を濾過したり，塩分が蓄積した老化葉を脱落させることによって，体内の塩分を排出したりする．また，ヒルギダマシのように，葉に塩類腺と呼ばれる器官をもち，そこから塩分を体外に排泄したりもする．

マングローブが生育する潮間帯は湿地であり，底質の土壌は干潮時でも水が充満している．このため，土壌のなかは無酸素に近い状態になっている．多くのマングローブは，このような土壌環境に生育するために**呼吸根**（respiratory root）と呼ばれる根を地上に出し，ガス交換を行っている．呼吸根の形態は種によってさまざまで，マヤプシキに見られる直立した棒状のものは直立根または筍根，オヒルギに見られる膝を立てたようなものは膝根，ヤエヤマヒルギに見られるタコ足状のものは支柱根と呼ばれる（図5.15）．呼吸根が密に分布する林では，冠

図 5.15 マングローブの呼吸根の形状.
馬場（2001）より改変.

水時に水の流れが弱められ，水柱の懸濁態有機物（デトリタス）が沈降したり，マングローブの落葉由来のデトリタスが堆積したりして，有機質や栄養塩に富む場所となっている．また，呼吸根によって形成される安定した立体構造は，サンゴと同様に，水生生物に付着基盤や隠れ場，避難場を提供する．このため，そのような場所には藻類をはじめ，海綿動物，多毛類，軟体動物，甲殻類，魚類など，多様な生物が棲みついている（Nagelkerken et al. 2008）．たとえば，シンガポールのマングローブ林には76種のカニ類，オーストラリアのクイーンズランドには29種の腹足類が生息する．魚類ではインド・西太平洋のマングローブ域に600種以上が分布しており，西表島浦内川では $0.5\,km^2$ の区域に少なくとも120種が生息している．種数の多い科はハゼ科，クロユリハゼ科，フエダイ科，タカサゴイシモチ科，ボラ科などである．

このように，マングローブはマングローブ生態系の基盤種であり，水域と陸域の狭間に独特な生態系を作り出している．マングローブの生態や生態系の特徴について，さらに詳しく知りたい読者は沖縄国際マングローブ協会（2006）やSpalding et al. (2010) などを参照されたい．

(2) 現　　状

サンゴ礁と同様に，マングローブ林も人間活動の影響を受け，その面積は世界規模で減少している（FAO 2007）．20世紀の初めには，たぶん $200000\,km^2$ 以上もあった世界のマングローブ林面積は，2005年までに約 $152000\,km^2$ に減ってしまった．つまり，九州の面積（約 $42000\,km^2$）をしのぐマングローブ林が消滅したことになる．また，タイでは，1961年から1996年の間に約50%のマングローブ林が失われてしまった．これらの減少要因は，木材や炭材としての伐採，エビ養殖池や農地への転用，宅地や道路建設のための埋立てなどである．

このような大規模破壊は，マングローブ域に棲んでいるさまざまな水生生物に影響を及ぼす．タイにおいて，エビ養殖池の造成のためにマングローブ林が伐採された場所では，伐採されなかった場所と比べ，魚類の種数は15%，総個体数は50%減少する（Shinnaka et al. 2007）．また，西表島ではマングローブ林が皆伐され，コンクリートの垂直護岸が建設されると，魚類の種数と総個体数は60%以上も減少する（立松ほか2013）．同様な結果はオーストラリア，エクアドル，タンザニアなど世界各地から報告されている（Mwandya et al. 2009）．

　魚類が伐採域で減少する理由としては，採餌場や隠れ場の消失によるためと考えられている．マングローブの呼吸根周辺には魚類の餌となるデトリタス，藻類，さまざまな小型無脊椎動物が豊富に存在する（Nanjo et al. 2014a）．また，複雑な立体構造を形成する呼吸根は，小型魚や稚魚にとって捕食者からの隠れ場として機能する．このため，マングローブ林が伐採されると，採餌場や隠れ場がなくなり，魚類は著しく減少する．とくに，隠れ場の消失は大きな影響を与える．西表島において，定住性小型魚であるアマミイシモチの被食死亡率を調べた野外実験では，呼吸根（支柱根や直立根）に模した垂直棒がなかったり，その密度が低かったりすると，死亡率は顕著に高くなる（図5.16）．

　魚類と同様に，カニ類や腹足類などの大型底生無脊椎動物においても，伐採による種数や個体数の減少が報告されている．しかし，分類群によっては伐採の影響を受けないものや，逆に個体数が増加するものがあり，大型底生無脊椎動物への影響は複雑なようである（Bosire et al. 2008）．

　マングローブ林の開発によって生じる**酸性硫酸塩土壌**（acid sulfate soil）も無視できない問題である．マングローブ林下の還元的で有機物に富む土壌では，微生物の作用によって，海水に含まれる硫酸イオン（SO_4^{2-}）からパイライト（黄鉄鉱 FeS_2）が生成される．パイライトは土壌中に蓄積されるが，還元的な環境にある限りは安定している．しかし，陸地化して空気に触れると酸化が起こり，硫酸が生成される．このような土壌は強い酸性（pH 3〜4）を示し，酸性硫酸塩土壌と呼ばれる．つまり，マングローブ域を干拓して農地などにしたり，養殖池を造成する際に掘り出した泥で土手を築いたりすると，酸性硫酸塩土壌ができる．この土壌は強酸性のため，植物の生育を阻害する．さらに，土壌中の硫酸は，雨水によって周囲の水域へ流出する．このため，閉鎖性の強い河口域や内湾では，水質の強酸性化が進行する場合がある．また，酸性化とともに，土壌から

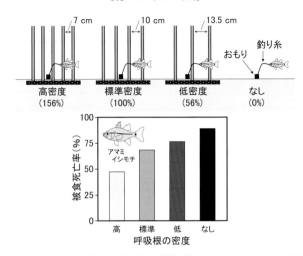

図 5.16 マングローブの呼吸根の有無と密度（根の間隔）がアマミイシモチの被食死亡率に及ぼす影響を調べた野外実験の結果．
この実験では，呼吸根の替わりに垂直棒を用いた．被食死亡率は，実験魚を糸につないで放置し，実験終了後に消失していた個体の割合で示した．標準密度とは，周囲に見られる呼吸根の平均的な密度である．Nanjo et al.（2014b）より改変．

のアルミニウムの溶出や貧酸素化なども起こり，魚類をはじめとする水生生物に多大な影響を及ぼし，種数や個体数の低下をもたらす（Powell & Martens 2005, Russell et al. 2011）．

（3） マングローブ林とサンゴ礁のつながり

マングローブ林の減少や消滅は，サンゴ礁に棲む魚類にも大きな影響を及ぼす．フエダイ類，アイゴ類，イサキ類，ブダイ類などの一部の種では，稚魚のほとんどがマングローブ域で成育し，ある程度成長するとサンゴ礁に移動して成魚となる．代表的な種としてはオキフエダイ，イッテンフエダイ，ゴマアイゴ，フエダイ属の一種 *Lutjanus apodus*，タイセイヨウイサキ属の一種 *Haemulon sciurus*，アオブダイ属の一種 *Scarus guacamaia* などである．前3種はインド・太平洋に，後3種は西大西洋やカリブ海に分布する．このような種では，稚魚がマングローブ域を**成育場**（nursery habitat）として利用するため，マングローブ林が消滅してしまうと稚魚個体群は壊滅状態となる．この場合，成魚の生息場であるサンゴ礁の環境が良好であったとしても，マングローブ域からの稚魚の移入

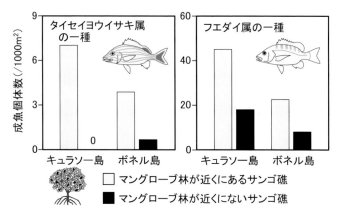

図 5.17 カリブ海のキュラソー島とボネル島において,近隣にマングローブ林が存在するサンゴ礁と存在しないサンゴ礁で観察されたタイセイヨウイサキ属の一種 (*Haemulon sciurus*) とフエダイ属の一種 (*Lutjanus apodus*) の成魚個体数.
Nagelkerken et al.(2002)より改変.

が滞るため,成魚個体群は急速に崩壊する(Nagelkerken 2009).

カリブ海のキュラソー島とボネル島において,近隣にマングローブ林が存在するサンゴ礁と存在しないサンゴ礁で *H. sciurus* と *L. apodus* の成魚個体数を比較した研究がある.これによると,両種はマングローブ林のないサンゴ礁で極端に少なかったという(図5.17).さらに,カリブ海の各地域のサンゴ礁で観察される両種の成魚個体数は,その地域のマングローブ林面積に比例して多くなるという報告もある(Serafy et al. 2015).

サンゴ礁魚類のなかには,マングローブ域のほか海草藻場(海中で生活環を完結する種子植物の群落)など,複数の生態系を稚魚の成育場としている種が存在する.たとえば,インド・太平洋ではニセクロホシフエダイやオオスジヒメジなどである.これらの種は,どれか一つの生態系が破壊されると,サンゴ礁の成魚個体群に影響が及ぶ(Honda et al. 2013).

(4) 保全と再生

現在,世界のマングローブ林面積のほぼ25%が保護区のなかにあり,保全対象となっている.このような保護区では,マングローブの持続可能な利用から自然環境保護のための立入禁止まで,さまざまな目的のもとにマングローブ林が管理されている.減少してしまったマングローブ林がこれ以上,無造作に開発され

ないためにも，できるだけ保護区を設定し，保全していく必要がある．

一方，失われたマングローブ林を植林によって取り戻そうとする試みも，世界各地で行われている．フィリピンでは 2007 年までに少なくとも 440 km^2 が植林され，またバングラデシュでは 2001 年までに 1485 km^2 が植林された．しかし，植林が成功した事例はそれほど多くはない．これは，マングローブの生育に適していない場所，たとえば潮間帯下部から潮下帯に植栽したり，あるいは造林したい場所に，好適ではないマングローブの種類を植えたりすることが原因である．後者については，閉鎖的で，泥質の場所を好むヤエヤマヒルギ属の種を，開放的な干潟の前面や砂質域に植え付ける場合などが挙げられる（Primavera & Esteban 2008）．

さらに，マングローブ域では単一種による植林が多い．この理由としては，①植栽しやすい大きな胎生種子をもつ種が限られていること，②植栽やその後の管理が複数種の場合よりも容易であること，③植林の目的が木材や炭材の生産であったりすることなどが指摘されている（Ellison 2000）．マングローブの植林が水生動物に与える影響については，まだ十分に調べられていない．しかし，カニ類や腹足類の種数は，マングローブの種類が多い場所で増加するという報告がある（図 5.18）．したがって，植林によって生物多様性や生態系の再生を目指す場合は，単一種よりも，できるだけ多くの種類のマングローブを植栽する必要があるだろう．

今後，懸念される問題は地球温暖化に伴う海水面の上昇である．世界の平均海面水位は 2010 年までの 110 年間に 19 cm 上昇し，今後，温暖化がもっとも進ん

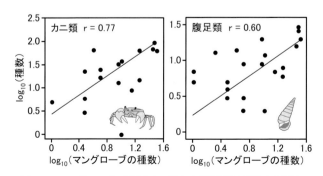

図 5.18 マングローブの種数とカニ類および腹足類の種数との関係．Ellison（2008）より改変．

だ場合は 2100 年までに 52〜98 cm 上昇すると予測されている．マングローブ林下では堆積物の蓄積によって林床面（地盤高）が徐々に高くなっていく．しかし，調査したインド・太平洋のマングローブ林のうち 69％において，これまでの海面上昇が林床面の上昇を上回ったという．両者の差は平均で 6 mm/年であった．今後も海面水位が上昇した場合，潮差が小さく，堆積物量が少ないマングローブ林は 2080 年頃までに沈水し，枯死する可能性が高いと推察されている（Lovelock et al. 2015）．

5.4　砂浜海岸

(1) 砂浜海岸と生物多様性

　河川から供給される土砂や，海岸にある切り立った崖（海食崖）からの砕屑物が堆積してできた海岸を堆積物海岸と呼ぶ．この堆積物海岸のなかで，おもに砂（JIS 基準で，粒径が 0.075 mm 以上，2 mm 未満）によって構成される海岸を**砂浜海岸**という．一般的に，砂浜海岸（以下，砂浜）は外海に面した場所に形成されることが多く，波浪の影響を受けやすい．日本においては，長さ 20 km 以上の大規模な砂浜は，すべて外海に面した海岸に存在している．一方，波浪の影響をあまり受けない内湾や河口域に広くできる泥地や砂泥地は，**干潟**と呼ばれる．砂浜と干潟の区別点はそれほど明確ではないが，干潟は干潮時に露出する平坦な場所，すなわち勾配が緩やかな潮間帯のことである．干潟の勾配は砂浜よりも緩やかであり，おおむね 100 分の 1 以下といわれている．100 分の 1 とは，沖側に 100 m 進むと，垂直に 1 m 下がるという意味である．

　砂浜の海域部（潮間帯より海側）は，砂だらけで一見単調に見えるが，波浪や流れ，潮汐，堆積物などの相互作用によって多様な地形や環境が作り出されている．たとえば，地形動態に関しては，逸散型，反射型，中間型と呼ばれるタイプが存在する（図 5.19）．逸散型は遠浅の砂浜で，入射した波は沖から何度も繰り返し砕ける．この砕波によって波エネルギーは逸散していき，岸近くの波は小さくなって穏やかな環境となる．そのため，砂は細かくなる．反射型は逸散型の対極的なタイプであり，急深な砂浜である．沖からの入射波はほとんど砕波しないで岸に近づく．しかし，岸近くに来ると，急に浅くなった海底面とぶつかり，反

図 5.19 典型的な三つの砂浜海岸タイプ.
須田(2011)より改変(写真:中根幸則).

射して一気に砕波する.このため,岸近くは攪乱が大きく,砂は粗くなる.中間型は逸散型と反射型の中間的な特徴を有し,沿岸砂州と呼ばれる浅瀬が岸と平行に発達する.入射波は沿岸砂州上で砕波して消散するので,岸近くは比較的に静穏な環境となる.ただし,砂浜タイプは固定されたものではなく,同じ海岸内でも時空間的に変化することがある.

また,逸散型や中間型においては,サーフゾーン(沖で砕波が生じている部分から岸側の領域)に循環セルがしばしば発達する(図5.20).循環セルは岸に向かう向岸流,岸と平行に流れる並岸流(沿岸流),沖に流れる離岸流からなり,離岸流の一部は向岸流と合流し,再び岸に向かう.離岸流の場所では流れが速く(1 m/秒以上),深みが形成される(栗山 2006).

砂浜の海域部には,このように多様な環境が存在するため,想像以上に多くの生物が生息している.とくに魚類においては,多くの種類が報告されている.たとえば,上述した三つの砂浜タイプが共存する鹿児島県薩摩半島の吹上浜(全長約 40 km)では,少なくとも85種が確認されている.個体数の多い種はシロギス,トウゴロウイワシ,クサフグなどである.また,千葉県房総半島内房の六つの砂浜からは合計 57 種が報告されている.一方,魚類以外では,吹上浜の潮間帯と潮下帯においてエビ類 11 種,カニ類 6 種,二枚貝類 9 種,アミ類 10 種,ヨコエビ類 14 種,多毛類 12 種など,多種多様な無脊椎動物が採集されている.砂浜では,一般的にアミ類とヨコエビ類の生物量が多く,魚類の重要な餌となっている.

このように,砂浜の海域部には多くの生物が棲んでいるが,サンゴ礁やマングローブ域と比べると,出現種数は砂浜で明らかに少ない.この理由は,おもに①砂浜が複雑な立体構造をもたない平坦な地形であること,②波浪によって生息環

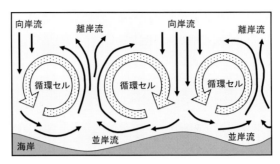

図 5.20　サーフゾーンにおける循環セル.
須田（2017）より改変.

境がたびたび攪乱され，不安定であることなどによる．波浪の影響については，波当たりが強く，攪乱の大きな砂浜ほど生物が少ないことが一般的のようである．たとえば，波打ち際やその近辺の潮下帯に見られる魚類および底生無脊椎動物の種数と個体数は，波浪環境が厳しい反射型の砂浜よりも，静穏な逸散型で多い（Nakane et al. 2013, Barboza & Defeo 2015）．しかし，潮間帯に生息する潜砂性のヨコエビ類やスナホリムシ類では，波浪環境よりも砂の硬さ，すなわち底質硬度によって，分布が規定されているという報告がある（Sassa et al. 2014）．

砂浜の陸域部（潮上帯から砂丘まで）は乾燥した砂に覆われ，過酷な環境と思われがちだが，そこにも多様な生物が生息・生育している．砂のなかにはハマトビムシ類やハマダンゴムシなどの小型甲殻類が見られ，砂丘の前縁にはコウボウムギやハマヒルガオなど，乾燥，高温，塩分（飛塩）に耐性が強い海浜植物が生育している．また，ウミガメ類の産卵場所やシロチドリなどの営巣場所にもなっている．

砂浜海岸の環境や生物について，さらに詳しい解説はMcLachlan & Brown（2006）や須田（2017）などを参照されたい．

（2）現状と保全

世界全体で見ると，砂浜は結氷しない海岸の約70%を占めている．日本での砂浜の割合はこの数値よりもずいぶん低いが，かつては10000 km（海岸線の28%）ほどあったといわれている．しかし，港湾の建設や埋立てなどの沿岸開発によって，4870 km（14%）まで減少してしまった．さらに，近年では**海岸侵食**

が多くの場所で起きており,大きな問題となっている(Defeo et al. 2009).海岸侵食は波や流れの作用によって砂浜が削り取られる現象であり,すでに世界の砂浜の70%以上が侵食にさらされている.

　砂浜は土砂の供給量と流出量,すなわち土砂収支のバランスによって形成されている.このバランスが崩れ,供給量が流出量を下回ると海岸侵食が起こる.海岸侵食の原因は多様で複雑であるが,おもに①ダムや堰などの設置によって河川からの土砂供給量が大幅に減少したため,②港湾,漁港などの建設や埋立地の造成が,海岸に沿った砂の移動(沿岸漂砂)を遮断し,移動方向の下手側への土砂供給量を減らしているためといわれている.海岸侵食は砂浜の環境や生息場所を破壊し,さらに海岸背後地の浸水を引き起こす危険性があるため,きわめて深刻な問題となっている(図5.21).このため,防御対策として突堤や離岸堤などの**海岸保全施設**(coastal protection structure)が多くの場所に設置・整備されている(図5.22).突堤とは海岸線に垂直に細長く突き出た構造物であり,沿岸漂砂を捕捉して砂を堆積させる.離岸堤は沖合に岸と平行して作られる島状のもので,入射波浪を弱め,離岸堤の岸側に砂を蓄える機能がある.これらの海岸保全施設は侵食対策として一定の効果を上げてはいるが,根本的な解決策とはなって

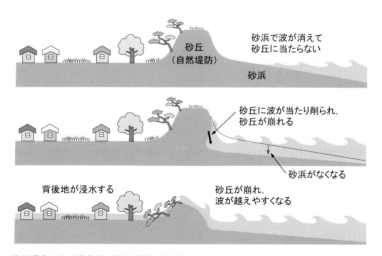

図 5.21 海岸侵食により背後地に海水が浸入する様子.
ふつう,波は砂浜で消えて砂丘に当たらない(上).しかし,砂浜が侵食されると,波が砂丘に当たるようになり,砂丘は削られる(中央).そうなると,砂丘は崩れて低くなり,海水が背後地に浸入する(下).堤(2014)より改変.

図 5.22 突堤（左）と離岸堤（右）．

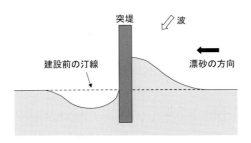

図 5.23 突堤の建設による砂の堆積と侵食．
栗山（2006）より改変．

いない．たとえば，突堤は沿岸漂砂の移動を阻止あるいは軽減させるので，突堤の漂砂方向上手側には砂が堆積する．しかし，下手側では砂の供給が少なくなり，侵食が進行する（図 5.23）．現在，この侵食を防ぐために，上手側にたまった砂を下手側に人工的に移動させるサンドバイパスや，他の場所から砂を運んできて投入する養浜が実施されている（栗山 2006）．

　海岸保全施設は，日本の砂浜の約 40％に設置されている．これらの人工構造物は入射波浪を弱めたり，砂を局所的に捕捉したりするので，周囲の環境が変化し，砂浜生物の分布に影響を及ぼす可能性がある．たとえば，ヘッドランドの岸側周辺水域では，砂浜に生息している本来の魚類が少なくなるという報告がある．ヘッドランドは人工岬とも呼ばれ，離岸堤と突堤を T 字のように組み合わせ，両方の効果を狙った構造物である．ヘッドランドの岸側水域の砂地（ヘッドランド区）では，人工構造物がない近隣の砂浜（コントロール区）と比べ，入射波高が約 70％も減衰し，静穏な環境となっている．これらの両区で魚類を採集

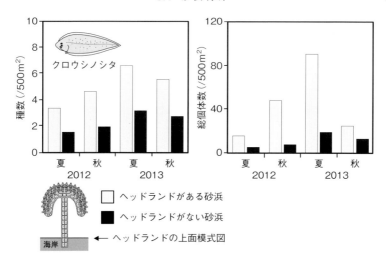

図 5.24 ヘッドランドがある砂浜とない砂浜での魚類の種数（左）と総個体数（右）．Tatematsu et al.（2014）より改変．

して比較したところ，種数と総個体数はともにヘッドランド区で顕著に多く，種組成もまったく異なることがわかった（図5.24）．ヘッドランド区には，厳しい波浪環境の砂浜では生息できない内湾性の表・中層遊泳魚（クルメサヨリなど）や小型魚（ボラの稚魚など）が多く集まっていた．一方，コントロール区には，砂に潜ったりすることで激しい波浪攪乱に耐えることができる砂浜本来の魚類（バケヌメリやクロウシノシタなど）が優占していた．また，ヘッドランドを含めた海中の構造物それ自体には魚礁効果があるため，構造物には岩礁性の魚類や無脊椎動物が棲みつく（Fowler & Booth 2013）．したがって，ヘッドランドが建設されると，周辺には多くの生物が集まるが，その一方で，それまでそこに存在していた砂浜本来の生物は姿を消し，まったく異なる生物群集が形成されるようになる．

養浜も砂浜生物への影響が懸念される．とくに問題なのは砂の大量投入による埋没であり，ほとんどの動植物が圧死したり，窒息死したりする．また，投入された砂の大きさが，粗すぎても細かすぎても底生無脊椎動物の種数と個体数は減少する．養浜や海岸保全施設は，侵食対策としてはある程度有効ではあるものの，砂浜生物の保全という面においては課題が多い．今後，侵食対策や防災対策とともに，生物の保全という観点からも慎重に検討されるべきである（Speyb-

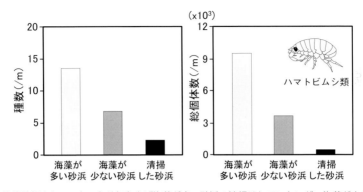

図 5.25 海岸清掃をしていないため打ち上げ海藻が多い砂浜，清掃はしていないが，海藻が少ない砂浜，清掃をしているため海藻がほとんどない砂浜において採集した小型無脊椎動物の種数（左）と総個体数（右）．
Dugan et al.（2003）より改変．

roeck et al. 2006）．

　砂浜にはプラスチック製品やその破片，木材などの漂着物が大量に打ち上げられ，これらは砂浜の環境や美観を損ねる漂着ごみとして社会問題となっている．このため，各地の海岸で清掃が行われている．プラスチックごみは，有害重金属が溶出するなど，生物への影響が懸念されているため，砂浜から取り除く必要がある（中島ほか 2014）．しかし，漂着物のなかには海藻や動物遺骸もあり，これらは半陸生〜陸生のハマトビムシ類（端脚目）やガムシ類（甲虫目）など，砂浜でよく見られる小型無脊椎動物の餌や隠れ家になっている．さらに，これらの小動物を食べに，ハネカクシ類やハンミョウ類などの捕食性昆虫が集まってくる．したがって，このような無脊椎動物は打ち上げ海藻や動物遺骸がないと，生息が難しくなる．南カリフォルニアにおいて，清掃をして海藻がほとんどない砂浜，清掃をしていないが海藻の少ない砂浜，清掃をしていないため海藻が多い砂浜の三つで調査をしたところ，小型無脊椎動物の種数と総個体数は清掃をした砂浜でもっとも少なかった（図 5.25）．砂浜を頻繁に，あるいは広範囲に清掃する場合は，海藻や動物遺骸をできる限り残すほうが，生物多様性保全の観点からは好ましい．

第6章

里山と生物多様性

　　　人間が長い時間をかけて維持してきた里山は，様々な生態系サービスを提供する場であるとともに，原生的な自然と比べても引けをとらない豊かな生物多様性を有している．ここでは里山の形成の歴史を振り返るとともに，里山の生物多様性がなぜ重要なのか，そして近年の社会情勢の変化とともに里山環境はどのように変質しているかについて紹介する．

6.1　里山とは何か？

(1) 里山という景観

　里山という言葉は日本人には直感的に理解しやすいが，これまで紹介してきた森林やサンゴ礁などと違い，海外の生物学や生態学の教科書では扱われていない．国内でもその定義は一様ではなく，異なったニュアンスで使われることがある．しかし，いまでは総じて，雑木林や農地，草地，ため池などの生態系の複合体を里山と呼ぶことが多い．したがって，里山は生態系ではなく，景観に分類するのが適当である．また，里山の成因は原生的な生態系とは異なり，人間が歴史的に形成し維持してきたことも特徴である．

　里山という言葉が最初に現れたのは江戸時代中期といわれているが，現代の里山論は，1960年代に森林生態学者の四手井綱英が広めたらしい．炭や薪を生産するための薪炭林や，水田の肥料の原料となる落ち葉を採取する農用林をまとめて里山と呼んだ．これは，クヌギやコナラなどからなる雑木林や，アカマツ林が中心である．その後，里山に関係深いものとして里地という概念も登場した．里地は，里山に隣接する農地や集落の複合体であり，里山から得られた資源を利用する場である．政策文書では，しばしば両者をまとめて里地・里山と呼んでい

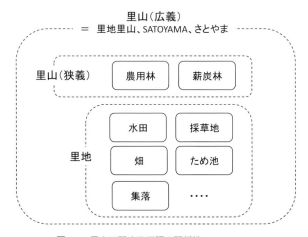

図 6.1 里山に関する用語の関係性．
本書では，広義の概念を使用している．

る．人間活動により維持され，相互に関連の深い生態系の集合体という観点からすれば，この括り方には意味がある．

さらに，里地・里山は海外用に SATOYAMA とされたり，狭義の里山（農用林や薪炭林）と区別するため「さとやま」と表現されることもある（鷲谷 2011）．しかし，本書では，社会一般に浸透しているという理由から，里山を広義にとらえ，里地里山や SATOYAMA，そして「さとやま」と同義に扱うことにする（図 6.1）．

里山景観の特徴は，比較的狭い範囲に，農地や雑木林，草地，ため池などの二次的な自然環境が隣接している点にある．これは人為の少ない原生的自然環境とは対照をなすものである．すでに述べた通り，雑木林は生活用の燃料や農地の肥料の原料を提供する場であり，草地は牛馬の飼料，緑肥，茅葺屋根の材料を提供してきた．江戸時代には，ある面積の水田で稲の生産力を維持するために，その数倍から十倍の広さの雑木林や草地が必要だったという試算もある（野田ら 2011）．また，ため池は水田に水を供給する場であることはいうまでもない．こうした用途の異なる複数の生態系が近距離に存在することが，集落や地域社会の維持にとって必要だった．また，こうした二次的な自然環境の形成には，日本の起伏に富んだ複雑な地形が背景にあったことも重要である．里山は有史以来，さまざまな生態系サービスをもたらす場として機能してきたのである．

(2) 里山の分布

では日本で里山はどのくらいの面積があり，どこに多く分布しているのだろうか．こうした定量化を行うには，里山のより明確な定義が必要となる．

環境省が2008年にまとめた全国の里地里山の分布地図によれば，農地，二次草地，二次林の三つの要素の面積合計が50%以上を占めていて，かつ，三つのうち少なくとも二つの要素が含まれるメッシュを里地里山的環境としている．ここでのメッシュとは，国土地理院が定義している3次メッシュ（約1km四方）のことである．こうした評価によれば，里地里山は日本の国土の約4割を占めている．とくに，東北の太平洋側から関東地方，さらに中国地方でその占める面積が大きい（図6.2）．一方で，大陸的な緩やかな地形が広がる北海道では，その占める面積は少ない．

その後，里山の評価をより的確に高解像度で行うために，**さとやま指数**（Satoyama index）が提案された（Kadoya & Washitani 2011）．この指数は，シンプソンの多様度指数（18頁参照）を用いて，土地利用の多様性（景観の異質性）を算出するものである．この指数では，市街地は指数の計算対象からは除外され，また農地がまったく存在しないメッシュは里山指数の算出対象とはならな

図6.2 日本における里地里山の分布．
灰色の部分が里地里山．環境省（2008）を改変．

い．つまり，農地の存在を前提とし，市街地を除外してどれだけ景観の異質性（生態系の多様性）があるかを測る尺度である．

最近では，改良さとやま指数という，より里山の定義と整合性の高いものが提案されている（吉岡ほか 2013）．ここでは，スギなどの人工林を市街地同様に計算対象から外し，そのうえで得られたシンプソン多様度に非農地面積割合（自然・半自然性の高い土地利用）を乗じた指数を用いている．つまり，従来の里山指数を，自然度の高さで重みづけした新たな指数と言い換えることができる．改良さとやま指数で求めた全国レベルでの里山メッシュは 4 割程度であり，環境省の初期の定義による値と同程度である．なお，この指数の計算では，6 km 四方のメッシュを評価単位とし，その中の 50 m 四方の区画の土地利用を面積計算の最小単位としている．

里山的な景観，すなわち，長年にわたって人為で維持されてきた農地，森林，草地などで構成される異質性の高い景観は，海外でも知られている．フィリピン，韓国，スペイン，マレーシアなどである．これは，さとやま指数を用いた地球規模での評価でも示されている．

（3）　里山の生物多様性

里山が注目されているのは，生態系サービスをもたらす重要な場所としてだけでなく，生物にとって貴重な生息地となっていることもある．たとえば，日本の絶滅危惧種が集中する地域の約 6 割が里山にあるという（環境省 2002）．里山が国土に占める割合は 4 割で，里山には原生的な自然が少ないことからすると，やはりこの数値は高いといえよう．また，日本産両生爬虫類 133 種のうち，86 種（65%）が里山を中心に分布しているという（松井 2005）．ではなぜ里山では生物多様性が高く，絶滅危惧種が多いのだろうか．その理由は人為による攪乱と，景観の異質性（モザイク性）の二つが背景にある．

a. 攪乱と種の多様性　　攪乱には，台風や洪水，火山活動，土砂崩壊，草食動物による強い採食圧が含められる．植生遷移の抑制や退行をもたらす働きがあるので，本来なら遷移の進行とともに消滅する種も攪乱により生き延びることができる．これは人為攪乱でも例外ではない．雑木林の定期的な伐採，落葉掻き，草地の刈り取りや火入れ，そして水田耕作自体も攪乱である．

日本の里山には，伝統的な人為攪乱に依存した生物の宝庫となっている．氷河

期の日本列島は寒冷で草原や疎林が多く，大陸から渡来した開放環境を好む生物が多数生息していたと考えられる．しかし，最終氷河期が終わると日本列島の多くは冷涼な大陸的な気候から，気温が高く湿潤なモンスーン型気候へと変化し，樹林化が進んだ．それは開放環境を好む生物の生息域を狭めたが，一方で農耕を中心とした人為攪乱が，それらの生息地を意図せず維持してきた．早春の明るい雑木林の林床に咲くカタクリやフクジュソウなどの春植物，二次草地に咲くオミナエシやキキョウ，雑木林に棲むミドリシジミ類や草地に棲む蝶類はその例である．人間が作り出した里山は，これら生物の**逃避場所**（レフュージア：refugia）として機能してきたのである．一方，かつて日本各地に広がっていた自然の湿地は，その多くが水田に転換された．だが，水田は自然湿地の代替地として機能し，そこには湿生植物や両生類，トンボなどの水生昆虫の棲みかとなってきた．

b．景観の異質性　里山では，比較的狭い空間に複数の生態系がモザイク状に配置している．異なる生態系には異なる環境に適応した生物種が見られるので，景観レベルで種の多様性が高まるのは当然である．しかし，異質景観には，生物多様性を高めるもう一つ別の仕組みがある．それは，複数の生態系がないと暮らしていけない生物がいて，それらの存在により景観レベルで種数が高まるからである（図6.3）．

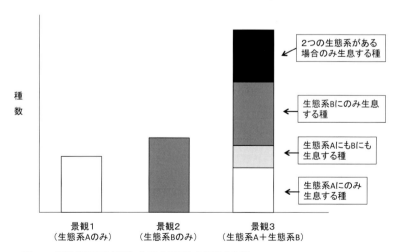

図 6.3　構造が異なる景観に生息する生物の種数の比較．
複数の生態系がある景観では，個々の生態系の足し算以上に種数が増加する．
Fahrig et al（2011）を改変．

図 6.4 複数の生態系がないと暮らしていけない生物の例.
左：ニホンアカガエル（写真：山下大志），中央：トウキョウサンショウウオ（写真：高木香里），右：アオイトトンボ（写真：宮下俊之）．どれも水田や池などで幼生や幼虫期を過ごし，変態後には林縁や林内などで生活する．

たとえば，アカガエルやトウキョウサンショウウオは，卵から幼生期を水田で過ごし，変態して上陸すると周辺の雑木林で暮らす（図6.4）．トンボなどの水生昆虫でも幼虫期は水田で過ごし，羽化して成虫になると林や草地でしばらく暮らす種が少なくない（図6.4）．さらに，サシバという猛禽類は，春は水田で両生類などを採食するが，夏になると雑木林で大型の昆虫類を狙う（第1章，図1.8も参照）．両生類やトンボの例のように，複数の生態系が必須である生物を育む機能を**生息地補完**（habitat complementation），サシバのように複数の生態系が必須とまではいえないが，その方が好都合な種を支える機能を**生息地補償**（habitat supplementation）と呼んでいる（Dunning et al. 1992）．こうした仕組みは，日本の里山だけでなく，ヨーロッパの農耕地を中心とする景観でも普遍的なようである（Fahrig et al. 2011）．

c. 景観異質性に対する生物の応答 里山景観の異質性が多様な生物を育んでいるという概念は直観的に理解しやすい．だが，それを示す直接的な証拠が提示されたのは比較的最近のことである．広域スケールでのデータ蓄積や地理情報システムの普及によるところが大きい．

環境省が主導して進めている「モニタリングサイト1000」という全国レベルでの生物調査プロジェクトでは，里山をはじめさまざまな生態系で生物の生息状況を調査している．そこから得られた繁殖鳥類の分布データ（全国313地点）を

解析した事例を紹介しよう（Katayama et al. 2014）．この研究では，2種類の景観異質性の指標を用いて鳥類の分布を解析している．一つはシンプソンの多様度指数で，7種類の土地利用区分をもとに算出している．もう一つは景観に占める森林面積の割合（森林率）である．調査サイトでは，森林と開放環境（農地と草地からなる）で土地利用全体の約9割を占めているので，森林率が中程度の場合に森林と開放環境が程よく混ざった異質性が高い景観となる．陸生鳥類113種で解析した結果によると，森林率が中程度のときに種数が最大になったが（図6.5a），シンプソン多様度はほとんど効いていなかった．鳥類にとっては，細かな土地利用区分よりも，森林か開放環境かという大まかな区分の方が意味のある指標だったようだ．日本では，森林と農地や草地との境界部分を生活の場とする種が多いからであろう．これは鳥類に限ったことではない．里山の二次草地に棲むクモ類の種数（図6.5c）や，ヤマアカガエルやクロサンショウウオの個体数も森林と開放環境が混ざった景観で高くなる（Kato et al. 2010，宇留間ほか2014）．いずれも生息地補完ないしは生息地補償の存在を裏づけるものである．

これらの研究では，景観の異質性がどのくらいの空間スケールで必要であるかも推定している．両生類やクモ類では半径200〜500 m以内の森林率が効いていたが，鳥では半径1〜3 kmとやや広いスケールでの森林率が効いていた．それぞれの生物の移動範囲からして妥当な数字である．里山では比較的狭い範囲に森林や農地，草地がモザイク状に配置されている．これは移動範囲が限られる上記生物にとって，大変好都合であるといえる．

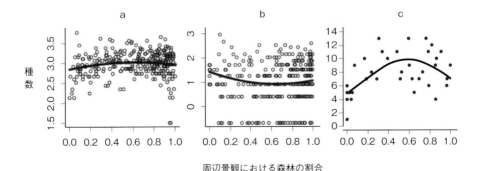

図6.5 陸で繁殖する鳥類の種数および草地に生息するクモ類の種数と景観構造の関係．
a：すべての鳥の種数（対数値），b：分布域が狭い鳥の種数（対数値），c：クモの種数．
各点は，個々の調査地を表す．Katayama et al.（2014）とMiyashita et al.（2012）を改変．

しかし，異質景観がすべての種にとって有利に働くわけではない．上記の繁殖鳥類の解析によれば，国内での分布範囲が狭い種（希少種を含む）では，むしろ中程度で種数が最低になり，開放環境が大部分を占める場合に種数が最大となった（図6.5b）．これらの種の多くは，日本では面積が限られている二次草地や湿地に棲んでいる．普通種を含む多数の種が棲む場所と，希少種の分布が必ずしも一致しないことは，具体的な保全策を考える上で留意すべき視点である．続く二つの節では，草地と農地という，長年人為活動で維持されてきた生態系に焦点を当てて話を進めよう．

6.2　二次草地と生物多様性

(1)　日本の草地の歴史

日本には，ロシア南部やアメリカ合衆国の中西部で見られる広大な草原（ステップ）は存在しない．気温と降水量が適度に多いので，攪乱がなければ草原は基本的に森林に遷移するからである．攪乱で維持される草原を**二次草地**という．このうち，人為攪乱で維持されているものを**半自然草地**という．二次草地は火山の噴火や河川の氾濫など，自然の攪乱で形成されることもある．しかし，大規模な噴火は少なくとも数百年の間隔があき，その間に森林への遷移が進むので，それだけで草地が維持されることはない．また河川の氾濫は比較的頻繁に起こるが，ごく狭い範囲に限られる．だから，日本の大部分の二次草地は必然的に半自然草地であり，両者はほぼ同義で扱われている．

最近の研究によると，日本人は1万年も前の縄文時代から野焼きを行い，草原を維持してきたらしい（須賀ほか 2012）．これは，現在の二次草地の土壌に広くみられる**黒ぼく土**の成分から類推されている．黒ぼく土は文字通り黒っぽい色をした土壌で，植物の燃えかすである炭（微粒炭）が大量に含まれている．また黒ぼく土には，イネ科草本の組織中に多量に存在する珪酸体（オパール状の物質）も含まれている．日本のような降水量の多い気候下では，自然火災が大規模に発生したとは考えにくいため，人間による火入れがイネ科草本の優先する草地を維持してきたと考えるのが妥当である．火入れの目的はよくわかっていないが，焼き畑や狩猟のために開放環境を維持するためではないかと考えられている（須賀

図 6.6 黒ぼく土の分布（左）と古代から近世にかけての牧の分布（右）．
渡邊（1992）を改変．

ほか 2012)．

　古墳時代になって馬が大陸から渡来すると，馬の放牧が草原の維持に役立っていたようだ．その後，平安時代から室町末期にかけては，東北から関東，信州を中心に大規模な牧(まき)（牛馬を飼育・繁殖する場所）が築かれ，軍馬の養成も行われていた．それを背景に有力な武士集団が割拠したのは有名である．牧の分布は，やはり黒ぼく土の分布とよく一致している（図 6.6）．これは，長年にわたって維持されてきた草地を利用して牧が経営されてきたことを示唆している．

　江戸時代になると人口の増加により，各地で盛んに水田開発が進められた．水田の地力の維持には，広大な草地や雑木林から採取された緑肥や堆肥が用いられた．ちなみに緑肥とは，刈り取られた植物をそのまま水田などに鋤(す)きこんで肥料にするもので，刈敷(かりしき)とも呼ばれている．

　少なくとも明治期まで，日本の半自然草地は，野焼き，放牧，刈り取りという 3 種類の人為によって維持されてきたのである．

　ところが 20 世紀以降になると草地は急激に減少した．ある試算によると，20 世紀の約 100 年間で全国の草地面積は 10 分の 1 にまで減少し，今では国土面積の約 1% を占めるに過ぎない（小椋 2006）．石油などの化石燃料の普及で，燃料や肥料，動力源としての家畜が不要になり，草地の価値が著しく低下したためである．価値のなくなった草地は，放棄されて藪や森林に遷移するか，宅地などに開発されてしまった．

(2) 草地の生物多様性とその危機

日本の半自然草地は，氷河期に大陸から侵入してきたさまざまな生物の棲みかとなっている．先述の通り，人為で維持されている半自然草地の歴史は 1 万年以上に及ぶ．氷河期以降の温暖化した日本列島において，人為攪乱は冷涼な気候に適応した草原性の生物を意図せず守ってきたといえる．しかし，近年の草地の急速な減少は，草地に依存した生物を激しく減少させた．秋の七草として身近な植物だったキキョウやオミナエシ，カワラナデシコは，いまや国や都道府県が指定する絶滅危惧種になっている（図 6.7）．植物以外では，草原性の昆虫類の減少が著しい．なかでも蝶類は危機的な状況にあるものが多く，日本の絶滅危惧 I 類の種の 8 割近くが草原性の種で占められている．これらの種の多くは，幼虫時代に特定の草本植物種を餌としているスペシャリストである．そのため，草原の面積的な減少に加え，植物の多様性の減少という草地の質的な変化の影響も受けているに違いない．

これら希少種は，かつて人為で維持されてきた半自然草地に広く分布していたことはデータからも裏付けられている．長野県における過去の分布記録を用いた研究例によれば，レッドリストの草原性蝶類の分布は，黒ボク土の分布と明らかに重なっているという（須賀 2010）．現在では希少になってしまった種の多くは，古くから人為で維持されてきた草原に依存してきたことを示している．

オオルリシジミはそうした代表例である．本種は中国北部やロシア沿海州に広

図 6.7 秋の七草が咲き乱れる富士山麓の草原（左：口絵参照）とキキョウの花（右）．

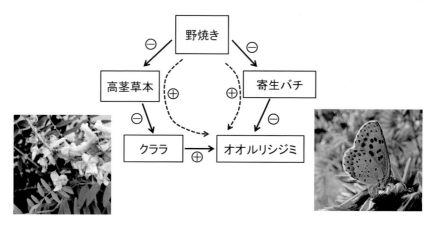

図 6.8 草地の野焼きがオオルリシジミに与える影響．実線は直接効果，破線は間接効果を表す．写真：（左）松葉史紗子，（右）宮下俊之．

く分布し，日本でもかつて東北から中部地方，九州の阿蘇山周辺に分布していた．氷河期に朝鮮半島経由で日本に侵入したと考えられている．だがいまでは阿蘇と長野県の一部に生息するのみである．阿蘇では大正期頃までは広大な草原が広がっていたが，現在はその数分の1に縮小した．それでも野焼きや伝統的な放牧が行われている地域では，いまでもオオルリシジミが見られる（Murata et al. 2008）．本種の幼虫は明るい草地に生育するクララというマメ科の草本のみを餌としているので，野焼きや刈り取り，放牧などの管理が必須である．野焼きは一見生物にとってマイナスに思えるが，新芽の出る前の春先の野焼きは前年にたまったリター（落葉・落枝）を無機化し，早春に芽を出す植物に好適な環境を作るため，遷移を止める役割を果たす．さらに，オオルリシジミは土中で蛹になるため，火の直接の影響を受けにくい．一方で，有力な天敵である寄生蜂は地面で死亡するため，オオルリシジミにとってさらに好都合であるという（江田ほか 2011：図 6.8）．ただ，蝶の種によっては野焼きで死亡するものもあるので，毎年違う場所で野焼きを行い，生息地全体で異質な管理を行うことも推奨されている（須賀ほか 2012）．

(3) 草地としての水田の畦畔

日本の草地では，阿蘇や富士山，浅間山麓，霧ヶ峰などの広大な火山草原が有

名であるが，平地から里山にかけて広がる水田の畔（あぜ）も草地として注目されている．2011 年時点で水田の畔の面積は，14 万 ha で阿蘇の草原の約 6 倍にも匹敵する（松村ほか 2014）．個々の畔の面積は小さいが，山地の草原が減少している現状からして，その重要性は高まっている．

畔は水田を物理的に支える上で欠かせないが，1960 年代までは農家が飼育する家畜の飼の採集の場としても利用されていた．畔には多種多様な植物が生育するとともに，オオルリシジミやミヤマシジミなど，今では絶滅危惧種となった蝶類の生息地にもなっていた．

しかし，近年では農地の放棄に加え，水田の圃場整備による畔の大規模改修や，化学肥料の使用過多による富栄養化，除草剤の使用などのため，種の多様性が減少している．農地の放棄はアンダーユースであるが，それ以外は農業の集約化によるものであり，オーバーユースや外来種の侵入，農薬の影響を含んだ複合要因としてとらえられる．ただいずれの場合も，伝統的な農業の衰退がもたらした危機には違いない．

圃場整備による畔の大規模改修は，植生の破壊と土壌の剥ぎ取りを伴うため，そこに棲む生物が根こそぎ除去されるのは当然であるが，加えて裸地化した畔には外来草本が播種されることがあるため，整備後に在来種の多様性が回復することは難しい．また，化学肥料の過多は土壌中の有効態リン酸などを増加させ，pH を上昇させる．こうした富栄養条件下では，在来植物が減少し，セイタカアワダチソウやシロツメクサなどの外来雑草が優占する（平舘ほか 2012）．在来種は外来種に被圧され，種間競争によって排除されるのである．

草地の種の多様性は，中規模攪乱説がもっともよくあてはまる生態系の例である．畔に棲む生物の多様性を調べた最近の研究によると，1 年生草本の種数は，年 3 回程度の刈り取り頻度でもっとも高くなり，蝶類やバッタ類の種数も 1～2 回の刈り取りで最大となる（Uchida & Ushimaru 2014）．つまり，放棄された畔はもちろん，刈り取り回数が多すぎる場合でも種数は低下するのである．年 1～3 回というのは伝統的な粗放な管理で，それ以上は近代的な集約管理に相当する．適度な人為管理が生物多様性を維持してきた好例である．

(4) 草地のネットワーク

半自然草地の大幅な縮小にともない，個々の草地は分断化している．とくに都

市近郊ではその傾向が強い．海外ではメタ個体群（2.1節参照）のモデルシステムとして，パッチ状に点在する草地群が研究対象とされてきた．そこに棲む生物は，個々の生息地だけで個体群が維持されるのではなく，局所絶滅と移入による再定着といった動的平衡の上に維持されている場合が多い．こうしたメタ個体群の観点からの研究は日本ではまだ乏しいが，徐々に生物の移動を通した生息地のつながり，すなわち**生息地ネットワーク**の重要性が実証されている．

関東平野には黒ぼく土からなる広大な土地があり，各地で古墳時代の埴輪馬が出土し，古代から中世にかけては牧が広がっていた．そこには半自然草地が広がっていたと考えられるが，現在では大部分が宅地や農地に転換されてしまった．千葉県北部の北総台地には牧の時代の名残の草地が点在し，希少な草本植物や昆虫が残っている．個々の草地は大きいもので数ha程度であるが，数百メートル以内に別の草地が存在することが多い．

この草地群に棲むジャノメチョウを標識再捕した研究によれば，ジャノメチョウの成虫は数kmの範囲で移動が確認され，雑木林や宅地を超えて移動していることがわかった（図6.9：Akeboshi et al. 2014）．しかし，移動頻度は距離とともに低下するため，今後生息地の分断化がさらに進むと，メタ個体群全体の存続が危ぶまれる．これは一事例であるが，半自然草地の生物多様性を保全するには，生息地のネットワークを実際の生物を用いて評価し，保全策を考える必要がある．

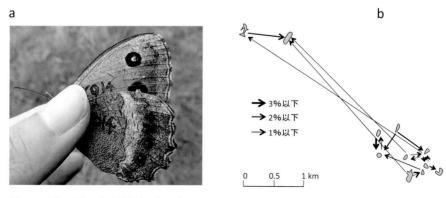

図6.9 千葉県北部の半自然草地に棲むジャノメチョウの生息地間の移動．
a：翅に標識を付けたジャノメチョウ（写真：明星亜理沙），b：ジャノメチョウの日当たりの生息地間の移動確率．計11個の草地が生息地となっている．Akeboshi et al.（2014）を改変．

6.3　水田の生物多様性

(1)　湿地の代替地としての水田

　現在の日本の水田面積は約 250 万 ha であり，国土の約 6.5% を占めている．森林の 66% に比べるとはるかに少ないが，宅地や草地に比べれば大きく，日本の主要な生態系となっている．水田は米の生産の場であり，人為攪乱を頻繁に受けているのは当然である．だが，水田は自然湿地と同様に多面的な機能をもっていて，私たちにさまざまな恩恵をもたらしている．

　まず全国の水田の有効貯水量は，ダムが洪水を調整する容量に匹敵する．水田が畑地や放棄地になると，大雨時の出水量が増えることが知られている（Yoshikawa 2014）．またそれに関連して，地下水を涵養する役割も果たしている．さらに，広域に広がる水田は気温を低下させ，ヒートランドを緩和する効果もあるらしい．最後に，水田は多種多様な生物の棲みかとなっており，生物多様性の保全の観点からも重要視されている．湿地の生態系や生物多様性の保全と持続的利用を目的とした**ラムサール条約**では，人工湿地である水田も重要な構成要素として位置づけている．明治時代まで日本には 2100 km^2 の自然湿地があったが，いまではその約 4 割の 820 km^2 にまで減少した．この数値は水田の総面積の 30 分の 1 にすぎない．このように，水田生態系は自然湿地の代替地として，さまざまな面から重要な役割を果たしている．

　水田生態系には，他には見られない構造上の特徴と，季節的に繰り返される環境変化がある．まず構造的には，イネが生育する田面に加え，畔と水路の組み合わせが存在する．水の得にくい場所では，近くにため池も造られている．季節的には，春から夏にかけてのイネの発育期には水が貯えられるが，収穫後から翌年の春までは陸地化することが多い．また最近では夏期に一時的に水田から水を抜く「中干し」が行われるので，さらに変動は激しくなる．こうした空間構造と時間変動が，次に紹介する水田の生物たちの生存可能性を規定している．

(2)　水田の生物

　日本に稲作が伝わったのは約 2500〜3000 年前と考えられている．東日本で水田が大規模に開拓されたのは人口が増えた江戸時代からといわれているが，水田

は古くから湿地性の生物の棲みかとなってきたことは間違いない．日本の水田には，わかっているだけで約 3000 種の動物と約 2000 種の植物が記録されている（Kiritani 2010）．自然湿地が大幅に縮小した現在では，鳥類や魚類，両生類，昆虫などの重要な生息地となっている．

鳥類は最もよく調べられている分類群であり，49 種が水田をおもな採食地としている（Katayama et al. 2015）．そのなかにはトキやコウノトリなどの IUCN のレッドリストに含まれている種もいる．両生類も水田を主たる繁殖地にするものが多く，本州，四国，九州に生息する 16 種中 11 種がそれに該当する（Miyashita et al. 2014）．2012 年に記載された佐渡島固有種のサドガエルも水田で繁殖している．その他，ドジョウやフナなどの魚類や，トンボ類やゲンゴロウ類，水生カメムシ類（タガメやコオイムシなど）の相当数が水田や水路を生活の場としている．上記の鳥類は，これら食物連鎖の下位に属するさまざまな生物を餌にしている．

水田が様々な生物にとって好適な環境であるのには二つの理由がある．まず水温が高く栄養塩も豊富なため，膨大な量の動物プランクトン，そしてユスリカやイトミミズなどの底生動物が生産される．もう一つは，水田は定期的に水がなくなる一時的な止水域であるため，大型の捕食性魚類が定住することができず，両生類や小型魚類，水生昆虫にとっての天敵が比較的少ない．水田は餌が多く天敵が少ないという生物にとっては願ってもない環境といえよう．

ただ，一時的な止水域であるため，水田内の生物は水がない非耕作期に対処する必要がある．卵で休眠できるトンボやユスリカ，ミジンコなどの無脊椎動物は，そのまま水田内に留まるが，それ以外の生物は水田外に移動する．両生類は成体期には畔や近くの森林に移動するものが多い．またゲンゴロウ類や水生カメムシ類，アシナガグモ類は水路やため池に移動することが知られている．ドジョウなどの魚類は春の入水とともに水路から水田に侵入し，後に水路へ戻っていく．これら生物は，餌が豊富で天敵が少ない水田を巧みに利用しているといえよう．一方，自然湿地でも夏を中心に一時的に干上がることは珍しくない．水田は自然の一時的な止水域で適応を遂げた生物の宝庫になっているのである．

(3) 農業の集約化と放棄による危機

単位面積あたりから高い収量や収益をあげる農業経営を農業の集約化という．

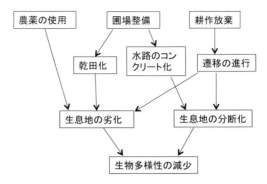

図 6.10 農業の集約化と放棄がもたらす生物多様性への影響.
Katayama et al.（2015）を改変.

　これは農作業の機械化や農薬や化学肥料の大量投入に代表される．水田での機械化には，大型機械を使用可能にするための圃場整備が行われる．圃場整備の中身としては，排水設備の敷設による乾田化，および水路の大型化とコンクリート化が主たるものである．農薬の使用は戦後間もない時期から盛んになり，圃場整備についてはおもに 1980 年代以降に広まった．こうした農業経営の変革は，そこに棲む生物に多大な影響をもたらした（図 6.10）．

　水田はもともと乾燥と湛水を繰り返す一時的な止水域ではあるが，圃場整備が行われる前は非耕作期であっても湿地的環境が維持されていた．だが，圃場整備による暗渠排水は，水田を完全に乾燥させ陸地化させた．これは，早春に水田で産卵するアカガエルや，夏の中干し期にまだ水田内に幼生が残るトノサマガエル類にとって大打撃となる．

　また水路の大型化とコンクリート化は，水田と周辺環境との間の生物の行き来を遮断する．伝統的な水路は浅く土でできているため，水面と水路の段差が小さく，生物の移動が容易であるが，圃場整備されると水田面と水路との段差が大きくなる（図 6.11）．ドジョウなど魚類にとっては，水路から水田への遡上が困難になり，アカガエルやトノサマガエル類は深いコンクリート水路に転落すると脱出できない．こうした水路の改変がさまざまな生物を減少させていることがわかったのは，おもに 21 世紀になってからである．水田と周辺環境（草地や林地など）を行き来して生活史を完結している生物にとっては死活問題であり，里山景観が本来もっている生息地補完の機能を不全にしているのである．

図 6.11 水田に隣接する異なるタイプの水路.
左：伝統的な土の水路（写真：田中幸一），右：圃場整備後のコンクリート化された水路（写真：片山直樹）.

ただし，すべての生物が減っているわけではなく，アマガエルのようにむしろ増加傾向にある種もいる．本種は指先に吸盤があり，コンクリート護岸の深い水路の影響を受けにくいことや，ドジョウなどの捕食者の減少がプラスに働いている可能性がある．

圃場整備による生物の減少は，食物連鎖の高次の捕食者にまで影響している．里山の象徴種とされるサシバやチュウサギは，環境省の準絶滅危惧種となっているが，その減少要因に圃場整備が関わっている可能性がある．主たる餌であるカエル類やドジョウが圃場整備により減少し，それがサシバやチュウサギの個体数に負の影響を与えている (Katayama et al. 2012, Fujita et al. 2015).

高次捕食者の減少は，圃場整備以外にも，農薬や耕作放棄なども効いている．戦後の有機リン系の農薬の大量使用は，魚類や水生昆虫類などさまざまな生物を減少させたが，それが食物連鎖を通してトキやコウノトリを減少させた可能性は以前から指摘されている．また耕作放棄は比較的最近になって顕在化し，2010年時点で全国の農地の約 11％，東京都 2 個分の面積が放棄されている (Hashiguchi 2014). 水田面積も 1969 年のピーク時に比べると，2012 年ではその 7 割程度にまで減っている (Saito & Ichikawa 2014). 水田が放棄されると陸地化が進むので，湿地性の生物が減少するのは当然である．だが，その影響を定量的に示した例は少なく，湿地に依存する鳥類の種数が減ることが報告されている程度である．

農薬の影響で注目すべきは，ネオニコチノイド系の農薬である．以前広く使わ

れていた有機リン系の農薬に比べて毒性が低いということで，今世紀になって急速に広がった．水田では農薬として幼苗箱に添加し，根から吸収された農薬はその後も継続して殺虫効果をもつ．本来は，イネの種子を吸汁して加害するカメムシ類を防除するためのものであるが，近年になってアキアカネなど水生昆虫を激減させた主要因とされている．海外では畑や果樹園などでの使用がミツバチや鳥や蝶類などの減少をもたらしているという間接証拠もあり（Hallmann et al. 2014, Gilburn et al. 2015），使用禁止の動きも広がっている．

6.4　モザイク景観と生態系サービス

　里山はさまざまな生態系サービスを提供してきた．すでに述べたように，燃料や肥料，食料などを雑木林，草地，農地などから獲得し，循環的に資源を利用してきた．里山は狭い範囲に異なる生態系が組み合わさっていて，**モザイク景観**とも呼ばれている．これは広大な農地や森林が広がる大陸的な景観と対照的である．均一な景観では，特定の資源を大量に生産できるだろうが，比較的均一な資源しか得られない．それに対しモザイク景観では，多様な資源が狭い範囲内で生産されるので，自給自足の生活が可能となる．里山は，日本人が起伏に富んだ地形をうまく利用して作り上げてきた景観といえる．

　だがモザイク景観がもたらす恩恵は，個々の生態系から別々の生態系サービスが生み出されるという以上のものがある．異なる生態系が隣接することで生態系サービスが相乗的に高まる効果があるからだ．代表例として，農地の周辺に林地があると作物生産が高まることが挙げられる．茨城県での調査によると，ソバ畑から半径3 km以内に存在する森林が多いほど，ソバの結実率が高くなるという（Taki et al. 2010）．ソバは穀類では珍しく虫媒花であり，昆虫による送粉がほぼ必須である．ソバの受粉を担うニホンミツバチなどの訪花昆虫は，森林や林縁を営巣や繁殖，休息の場とするため，森林と隣接する農地で結実が高まると考えられている．

　異質な景観で作物生産が上がるのは，送粉者を通してだけでなく，害虫の天敵を通しても起きている．ドイツ北部の農地で行われた研究によれば，菜種の種子生産は，周辺に森林や草地などの非農地の割合が高いと高まるという（Thies &

Tscharntke 1999)．これは非農地が多いと菜種の害虫の天敵である寄生蜂が多くなるため，菜種の被害が軽減されるためである．日本の水田でも，害虫の天敵であるアシナガグモ類が，周辺に森林が多い景観で密度が高まることが知られている（Tsutsui et al. 2016）．

　送粉者も天敵も，その生涯を農地で暮らすものは少なく，季節や生活史段階によって草地や林縁，水路などを利用するものが多い．異質景観で作物生産が高まるのは，そうした生態学的な背景がある．送粉や天敵の存在は，供給サービスの量を間接的に調節するという意味で，調整サービスに含められている．これまで，里山の生態系サービスはもっぱら直接的な供給サービスに焦点が当てられてきた．しかし，多様な生物がもたらす恩恵という意味からも，またモザイク景観の新たな価値という観点からも，調整サービスのさらなる評価が望まれる．

　一方で，モザイク景観は生態系サービスをつねに高めるとは限らない．景観構造が異質になると種の多様性は一般に増えるが，害虫の有力な天敵を攻撃する天敵も増えることもある．単純な景観でも特定の天敵が多い場合，モザイク景観では「天敵の天敵」が加わることで，むしろ害虫の被害が増えることさえある（Martin et al. 2013）．送粉サービスについては，送粉者の多様性が送粉機能を高めると考えてよさそうだが，害虫防除サービスの場合には，種間の相互作用が複雑なため，多様性が一概にプラスになるとはいえない点は注意すべきである．モザイク景観の負の側面は他にもある．それは，森林に近い農地では，シカやイノシシによる作物被害が激しくなることである．こうした自然からの負の影響は，第4章で述べた生態系ディスサービスと呼ばれている．生態系サービスとディスサービスが生じる仕組みを解き明かすことは，変質しつつある里山景観をどう管理したらよいかを考える上で大変重要な課題である．

第7章

生物多様性と社会

　生物多様性の保全や持続的利用を実現するには，科学的知見の集積に加え，課題解決につながるさまざまな社会制度を整える必要がある．国際的な枠組み作りや，国・自治体レベルの政策がその柱になるが，地域住民による保全活動や，生産者や消費者の持続性を意識した行動を醸成することも必要である．ここでは，生物多様性をめぐる制度や政策を概観するとともに，人間の福利の根幹である健康な生活が生物多様性といかに関わっているかを見ていこう．

7.1　生物多様性条約と生物多様性国家戦略

　生物多様性の「保全」は，人為を加えずに生物や自然を守る「保護」の思想と同義ではない．保全は，持続的な利用を含めたより広義の概念ととらえるべきである．里山の生物のように保護だけでは必ずしも守れないという科学的根拠にもよるが，人間社会が生態系サービスの享受から成り立っている以上，利用を前提とすることが現実的だからである．だが，すでにたびたび紹介してきたように，保全と利用は対立することが多い．その根本原因は，人間社会がさまざまな価値観や利害関係をもつ人々から構成されていることにある．第1章で紹介した生物多様性条約は，国際レベルで問題解決の道筋を示した画期的なものである．
　生物多様性条約は，1992年にブラジルのリオデジャネイロで開かれた国連の会議で採択された．その骨子は，①生物多様性の保全，②持続的な利用，③遺伝資源から得られる利益の公正な配分，に大別される．これは，②と③が含まれている点で，それ以前の自然保護の思想とは大きく異なっている（及川2016）．②については，保護か開発かという二項対立を超えた概念であり，③は生物多様性が豊かな熱帯地域の保全を実現するために，途上国と先進国の利害相反を解消す

るために創られた仕掛けである．

この条約の締約国は，生物多様性国家戦略を策定することが義務づけられるとともに，条約事務局は，定期的に**地球規模生物多様性概況**（Global Biodiversity Outlook：GBO）を公表している．日本でもこの流れを受けて 1993 年に環境基本法，2008 年に生物多様性基本法が施行された．また，GBO の日本版である**生物多様性総合評価**（Japan Biodiversity Outlook：JBO）も行われている．生物多様性条約は，こうしたさまざまな環境保全政策に大きな影響を与え，生物多様性の保全についての社会的な枠組みを与えた．

2010 年に生物多様性条約の第 10 回の締約国会議（COP10）が名古屋で開かれたのは記憶に新しい．日本で生物多様性が一般に広く認知されるきっかけとなった．この会議では，次に述べる**愛知目標**と呼ばれる具体的な目標が定められた．

(1) 愛知目標

愛知目標は，2050 年までの達成を目指した長期目標と，2020 年までの短期目標の 2 種類に大別される．長期目標は，「自然と共生する社会を実現する」という短い理念であるが，短期目標は「生物多様性の損失を止めるために効果的かつ緊急な行動を実施する」であり，具体的な 20 の個別目標が掲げられた（表7.1）．ここでの詳しい説明は省くが，社会に生物多様性の価値を認識させ，その保全や持続的な利用を促進することを狙ったものである．また，生態系サービスから得られる人間の福利の強化や人々の能力開発といった，狭義の生物の多様性をはるかに超えた内容を含んでいる．長期目標である自然と共生する社会を築くには，こうした広い視野が不可欠である．

生物多様性事務局は，2014 年に愛知目標の達成度を地球規模生物多様性概況（GBO4）として公表した．一定の達成の進捗が見られるが，有効な対策を緊急に行わないと目標達成は困難であるという評価がなされている．

(2) 生物多様性国家戦略

日本の生物多様性国家戦略は，1995 年の策定以降，2012 年の「生物多様性国家戦略 2012－2020」に至るまで 4 回にわたり見直しが行われてきた．「生物多様性国家戦略 2012－2020」は，260 頁に及ぶ膨大なものである．そのなかには，第 1 章で紹介した生物多様性の四つの危機要因が述べられているほか，愛知目標の

表 7.1 第 10 回生物多様性締約国会議で合意された「愛知目標」における個別目標.

戦略目標 A	
各政府と各社会において生物多様性を主流化することにより,生物多様性の損失の根本原因に対処する.	
目標 1	生物多様性の価値と,それを保全し持続可能に利用するための行動を人々が認識する.
目標 2	生物多様性の価値を,国と地方の計画に統合し,適切な場合には国家勘定,報告制度に組み込む.
目標 3	生物多様性に有害な奨励措置を廃止もしくは改革し,生物多様性に有益な奨励措置を策定し,適用する.
目標 4	自然資源の利用を生態学的限界の範囲内に抑え,すべての関係者が持続可能な生産・消費のための計画を実施する.
戦略目標 B	
生物多様性への直接的な圧力を減少させ,持続可能な利用を促進する.	
目標 5	森林を含む自然生息地の損失速度が少なくとも半減,可能な場合にはゼロに近づき,その劣化と分断化が顕著に減少する.
目標 6	過剰漁獲が避けられ,回復計画を講じながら,絶滅危惧種や脆弱な生態系に対する漁業の深刻な影響をなくし,生態学的限界の範囲内に抑える.
目標 7	農業,養殖業,林業を持続可能に管理する.
目標 8	過剰栄養などによる汚染を,生態系や生物多様性に有害とならない水準にまで抑える.
目標 9	侵略的外来種のうち優先度の高い種を制御し,根絶する.その導入や定着を防止するための対策を講じる.
目標 10	サンゴ礁などの気候変動や海洋酸性化の影響を受ける脆弱な生態系への人為的圧力を最小化し,その健全性と機能を維持する.
戦略目標 C	
生態系,種及び遺伝子の多様性を守ることにより,生物多様性の状況を改善する.	
目標 11	生物多様性と生態系サービスにとって重要な地域を中心に,陸域および内陸水域の少なくとも 17%,沿岸域および海域の少なくとも 10%を,効果的な保護区制度などにより保全する.
目標 12	既知の絶滅危惧種の絶滅を防止する.とくに減少している種の保全状況を改善する.
目標 13	作物,家畜およびその野生近縁種の遺伝子の多様性を維持し,損失を最小化する戦略を策定して,実施する.
戦略目標 D	
生物多様性及び生態系サービスから得られる全ての人のための恩恵を強化する.	
目標 14	自然のめぐみをもたらし,人の健康,生活,福利に貢献する生態系を,女性,先住民,地域共同体,貧困層や弱者のニーズを考慮しながら,回復・保全する.
目標 15	劣化した生態系の少なくとも 15%を回復させることをふくめ,生態系の抵抗力および二酸化炭素の貯蔵に対する生物多様性の貢献を強化し,気候変動の緩和と適応,砂漠化対処に貢献する.
目標 16	遺伝資源へのアクセスとその利用から生ずる利益の公正かつ衡平な配分に関する名古屋議定書を,国内法制度に従って施行,運用する.
戦略目標 E	
参加型計画立案,知識管理と能力開発を通じて実施を強化する.	
目標 17	各締約国が,効果的で参加型の生物多様性国家戦略または行動計画を策定し,実施する.
目標 18	先住民と地域共同体の伝統的知識・工夫・慣行を尊重し,条約の実施において考慮する.
目標 19	生物多様性に関連する知識,科学技術を改善する.そして広く共有・移転し,適用する.
目標 20	戦略計画を効果的に実施するための資金動員を,現在のレベルから顕著に増加させる.

達成に向けたわが国のロードマップや，2012年に発生した東日本大震災を踏まえた今後の自然共生社会のあり方が示されている．

2016年には，上記の国家戦略に基づいて，**生物多様性及び生態系サービスの総合評価**（Japan Biodiversity Outlook：JBO2）が公表された．これは2010年に公表された生物多様性総合評価の枠組みを踏襲しているが，生態系サービスの評価を新たに明記した点が特徴といえる．生物多様性の全体の傾向としては，2010年時点での評価から大きな変化はないものの，依然として状況は改善されておらず，四つの危機が進行していることが示されている．また，生態系サービスについては，供給サービスに関するオーバーユースやアンダーユースが詳細に検討されている．水産資源についてはオーバーユースが問題となっているが，農作物や林産物では反対にアンダーユースが顕在化している．国内でのアンダーユースは，木材や食料の多くを海外に依存していることが主要因であり，貿易相手国に対するオーバーユースを引き起こしている（第4章参照）．さらに，自然との触れ合いがもたらす精神的，身体的な健康の維持といった人間の福利に関わる評価もなされている．これについては後の節で詳しく触れるが，身近な自然の効用を科学的に評価することは，生物多様性を世間に広めるうえで大変効果的と思われる．

7.2 保護地域

(1) 「愛知目標11」

生物多様性の減少を食い止めるための対策にはさまざまなものがあるが，直感的にわかりやすいのが保護区の設置であろう．実際，愛知目標の11でも，陸域・陸水域の17%，沿岸・海域の10%を保護地域に指定することを掲げている．この数値は科学的に明確な根拠に基づいて決められたものではない．だが，地球上の陸域面積の17%を適切に選べば，維管束植物の67%の種の分布がそこに完全に含まれるという試算もある（Joppa et al. 2013）．また，日本の絶滅危惧植物を対象にした解析によれば，国土の17%を保護区として適切に選択し，そのなかで種の保全を着実に遂行できれば，国土スケールでの絶滅リスクを大幅に緩和できるという（Kadoya et al. 2014）．

では，保護地域は現在どの程度の面積を占めているのだろうか．2010年時点で，世界の面積のうちで保護区が占める割合は陸域で13%，海域で2%となっている（IUCN 2012）．陸域では増加傾向にあり，目標の達成は可能であるが，海域では困難に思える．

日本では，すでにさまざまな保護地域が設定されている．なかでも国立公園や国定公園は有名で，それぞれ国土の6%と4%を占めている．地方自治体が定める県立公園も，国立公園とほぼ同面積が存在している．その他，鳥獣保護区や保護林，さらに世界的な保護地域として指定される世界自然遺産やラムサール条約による保全地域もあり，すべてを合計すると陸域ではすでに20%に達している（環境省 2016）．ただ，異なる種類の保護区は重複している部分もあり，この数字は過大評価になっているはずである．

(2) 保護地域の課題

日本の保護地域についてはいくつかの課題がある．まず，人間活動の法的規制の程度に大きな違いがある点である．たとえば，国立公園の特別保護地区では開発は厳重に禁止されているが，第1種と第2種特別地域では規制は限定的であり，さらに普通地域では事前に届け出れば開発が認められる（表7.2）．これは，

表7.2 国立公園の区分と規制の内容．

特別保護地区	公園のなかでとくにすぐれた自然景観，原生状態を保持している地区で，もっとも厳しく行為が規制される．学術目的や地域住民の生活に必要な行為でなければ許可されることはまずない．
第1種特別地域	特別保護地区に準ずる景観をもち，特別地域のうちで風致を維持する必要性がもっとも高い地域であって，現在の景観を極力保護することが必要な地域．開発や動植物の採取は許可制．
第2種特別地域	農林漁業活動について，つとめて調整を図ることが必要な地域．開発や動植物の採取は許可制．
第3種特別地域	特別地域の中では風致を維持する必要性が比較的低い地域であって，通常の農林漁業活動については規制のかからない地域．開発や動植物の採取は許可制．
海域公園地区	熱帯魚，サンゴ，海藻等の動植物によって特徴づけられる優れた海中の景観に加え，干潟，岩礁等の地形や，海鳥等の野生動物によって特徴づけられる優れた海上の景観を維持するための地区．開発や動植物の採取は許可制．
普通地域	特別地域や海域公園地区に含まれない地域で，風景の保護を図る地域．特別地域や海域公園地区と公園区域外との緩衝地域（バッファーゾーン）である．開発や動植物の採取は届け出制．

国立公園のうちで国有地が占める割合が6割程度で，残りは私有地や公有地が占めていることが関係している．アメリカ合衆国やオーストラリアなどの国立公園では，国有地が大部分を占め，いわば保護専用の公園であるのとは対照的である．日本のように地形が複雑でさまざまな所有主体が入り組んでいる現状からすれば無理もないことである．

　また，現状の保護地域が必ずしも生物多様性の減少を抑制する役割を果たしていないという問題もある．たとえば，開発が厳格に規制されている国立公園の特別保護地区のなかでさえ，絶滅危惧植物の減少が相変わらず進行している（Kadoya et al. 2014）．原因は植物の盗掘や人間の踏みつけなど，人為の直接的な関与もあるが，シカの採食圧の増加や植生遷移の進行といった間接的な要因も関与しているらしい．規制とともに，科学的な知見に基づいた適切な管理が必要とされる．実際，2009年の自然公園法の改正により，シカなどの被害の防止や生態系の維持のため，生態系維持回復事業が設けられ，能動的な管理が位置づけられている（武内・渡辺 2014）．

　もう一つの問題は，保護地域がもともと生物多様性の保全を目的に設定されたわけではない点である．自然公園は生物多様性の保全が叫ばれるよりはるか以前に設定されたものが多く，風光明媚な観光地や原生的な自然をその対象としてきた．実際，国立・国定公園の多くは，森林面積が80％以上を占める場所が指定されている（Naoe et al. 2014）．そのため，哺乳類や爬虫類の絶滅危惧種では，分布の30％以上が既存の保護地域でカバーされているものの，鳥類や昆虫類，両生類では，農耕地や草原，雑木林に生息する種が多いため，保護地域が分布域をカバーしている割合は20％以下にすぎない（環境省 2012）．こうした保護地域のギャップを埋めるには，絶滅危惧種が棲む里山的な環境をいかに実質的に保護地域として機能させていくかが課題となる．そうした地域では自然公園のような規制型の保全ではなく，利用と保全の両立を前提とした保全を推進する必要がある．実際，ラムサール条約では，「**賢い利用**」（ワイズユース）を湿地の保全の目標に掲げており，自然湿地だけでなく，水田なども対象に含められている．また里山自体が，もともと人為による適度な攪乱で維持されてきた景観であることからすれば，利用と保全の両立を目指すのは，むしろ本来の姿といえよう．

コラム 7
保護区選定における相補性の考え方

保護区はただ目標とする面積を確保すればよいわけではなく，個々の種の分布をもとに，より多くの種が守られるように設置場所を決める必要がある．では，単純に種数が多い場所を優先すればよいかというと，そうとは限らない．どの保護区でも同じような種が出現するのであれば，限られた種しか守れないからである．そうならないためには，既存の保護区ではカバーされていない種が多くいる場所を探すべきである．この考え方を**相補性**（complementarity）といい，最近の保護区選定では主流となっている．

いま，ある地域に六つの区画があり，区画単位で保護区を設置するとしよう（図）．最小の面積で最大の種数を保護するには，次のような順番になる．最初に選ばれるのは，単純に種数が多い区画Aである．2番目は，種数だけでは区画Bになるが，区画Aと種構成が似ている．一方，区画Eは区画Bより種数が少ないが，区画Aにはいない種がもっとも多く含まれている．だから，区画Eが2番目に選ばれることになる．3番目には，区画AにもEにも含まれない種を多く含む区画Cが選ばれる．こうして，地域全体でなるべく多くの種が含まれるような保護区が順次選ばれていく．

この例では区画数も種数も少ないので優先順位を簡単に決められるが，現実にはその数が桁違いに多くなり，計算機に頼ることになる．また，区画ごとに社会的なコストが違うことも選択に影響するだろうが，それも選択の基準に加えることができる．相補性による最適な保護区選択につては，すでにソフトウェアが作られていて，ユーザーが手軽に使えるようになっている（詳しくは松葉ほか（2015）を参照のこと）．

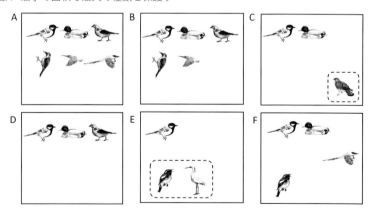

図 種構成の相補性に基づいた最適な保護区の選び方．
A〜Eは保護区の候補となる区画の単位で，そこには描かれた鳥類種が棲んでいる．相補性に基づくと，A, E, Cの順に保護区の優先度が決まる．Eの破線で囲まれた種は区画Aに含まれない種，Cの破線で囲まれた種は区画AにもEにも含まれない種．

(3) 二次的自然の保全

生物多様性保全のための保護区のデザインには2通りの対照的な考え方がある．生態系の保護区と居住地や集約的な農地を別の場所に設定する**土地スペアリング**（land-sparing）と，両者を同じ場所で共存させる**土地シェアリング**（land-sharing）である．

土地スペアリングは古くからあるゾーニングの考えである．欧米の自然公園や日本の国立公園や自然環境保全地域など，原生的な自然環境を守る保護区を確保する一方，それ以外の場所では宅地開発や生産性の最大化を目指した集約的な農林業生産を行う．一方，土地シェアリングでは，生物多様性の保全と持続的な生産の維持を同時に実現することを目指しており，生産量の最大化を目的としていない．熱帯でみられるアグロフォレストリー（農林複合経営）や，ヨーロッパの生物多様性配慮型の農業，日本の環境保全型農業などは，生物多様性の保全と農林業生産の両立を可能にするものである（図7.1）．農薬や化学肥料の使用量の削減や，環境の異質性を保ちながら持続的な生産を行うものである．

土地スペアリングと土地シェアリングのどちらが有効かは，自然条件や社会条件に大きく依存する（Phalan et al. 2011）．原生的な森林に生息する生物が多い地域では，森林の伐採や改変は生物多様性へのダメージが大きいので，まとまりのある面積を保護区として守る土地スペアリングが有効であろう．一方，二次的自然に依存し，モザイク状の景観が必要な生物が多い地域では，土地シェアリングが適している．また，国土が比較的狭く，人間活動が既に広く及んでいる地域

図7.1 環境に配慮した農林業が営まれている景観．土地シェアリングの例である．
左：ジャワ島のアグロフォレストリー．水田とインドネシアマホガニー，果樹などが混交している（写真：大久保悟）．右：新潟県の中山間地の棚田（口絵参照）．土の水路や二次草地や雑木林などに囲まれ，異質性の高い景観を形成している（写真：小柳知代）．

では，ほぼ必然的に土地シェアリングが選択肢になるだろう．

　日本の生物の種構成や社会条件を考えると，土地スペアリングと土地シェアリングを適度に織り交ぜる必要がある．森林性の生物の生息地は，国立公園のような保護区による保全が必要であり，土地スペアリングが有効である．一方，日本の絶滅危惧種には農地や草原，雑木林などの二次的自然に依存する生物も多く，それらの保全は伝統的な農地や里山管理が必要であり，まさに土地シェアリングが適している．

　土地シェアリングに深く関係する活動として，日本が世界に向けて発信している **SATOYAMA イニシャティブ** がある．これは，日本の里山などで見られる持続的な一次産業の営みを参考に，二次的自然環境の保全とその持続可能な利用の両立を目指している．こうした営みは，日本の里山だけでなく，中国やモンゴルの伝統的な農牧地の利用，東南アジアやアフリカのアグロフォレストリー，ヨーロッパの農地利用などでも見られる．2010年の生物多様性条約締約国会議では，「SATOYAMA イニシャティブ国際パートナーシップ」という国際的なネットワークが設立され，世界150か国以上の国が活動に関与している．

　SATOYAMA イニシャティブでは，近代科学と伝統的な知識の融合を推奨するとともに，国や地方の行政，NPO，農業者，企業などの多様な主体が参画して協力する体制の必要性が述べられている．それは生物多様性の保全を必ずしも主眼に置いているわけではないが，農林業生産と生態系の保全の両立という点で，土地シェアリングの概念と一致している．だが，その実現のための社会的枠組みを提唱している点でより包括的であり，次節で説明する資金調達や持続可能な消費などについても言及している．最終的には，愛知目標の長期目標「自然と共生する社会を実現する」への貢献が期待される．

7.3　生物多様性保全を支える経済的な仕組み

(1)　生態系サービスに対する支払

　ここまでは生物多様性を保全するための概念的な枠組みについて述べてきた．しかし，実際に保全策を実現するためには，資金が必要となる．たとえば，熱帯林の開発や日本の二次的自然の消失は深刻であるが，経済優先の社会のなかでそ

のベクトルを逆転させるには，倫理感だけでは限界があるからだ．愛知目標の20でも，「資金動員が現在のレベルから顕著に増加する」が掲げられている．

だが，生物多様性の社会的な認知度は上がっているとはいえ，その保全のために十分な経済的な支援が得られることは少ない．保全することのメリットが必ずしも明確ではないからである．そうしたなか，人類の福利に深く関わる生態系サービスの概念は，生物多様性と経済活動を結びつける重要なものとなっている．

地球温暖化をもたらす温室効果ガスの排出の削減に対して税制措置や補助金があるように，生態系サービスに対しても類似の制度がある．また，最近では市場メカニズムを通した資金の調達も見られる．それらを総称して**生態系サービスに対する支払**（payment for ecosystem services：PES）と呼んでいる．地方自治体が課す環境税はその先駆的なものであり，水源林の環境整備に必要な資金を確保している．最近では，水源林だけではなく，平地や里山の森林，湖沼，河川などの整備も環境税の使途となっている．

(2) 農業に対する直接支払制度

農林水産省が進めている農地やその周辺環境の整備に関する**直接支払制度**も，PESの一つであり，耕作放棄や集約的農業がもたらした生態系の劣化を回復する上で重要な役割を担っている．これは，農地は作物の生産の場だけではなく，さまざまな公益的な機能があるという認識の上にできた制度である．水資源の涵養，洪水の緩和，土壌の保全，多種多様な生物の生息地，伝統的な景観要素としての機能などが挙げられる．直接支払制度には，多面的機能支払，環境保全型農業直接支払，中山間地域等直接支払の三つの柱からなっている．多面的機能支払では，水路の泥上げ，農地の土手の草刈り，ため池の補修，ビオトープ作り，農地の生物調査などが支払の要件となっている．環境保全型農業直接支払では，農薬と化学肥料の5割減に加え，緑肥の作付け，堆肥の使用などが要件である．また中山間地域等直接支払は，傾斜地形で高齢化率や耕作放棄率の高い地域に適用され，草刈り，周辺林地の管理，魚類などの保護，地域住民による作業の共同化などが要件となっている．

(3) 認証制度

日本はさまざまな資源を海外からの輸入に頼っている．化石燃料以外でも，農作物や木材，パルプ，天然ゴム，パーム油，エビなどの水産物と枚挙にいとまがない．日本が貿易を通して他国の生態系や生物多様性に大きな負荷を与えていることはすでに述べたとおりである（第1章と第4章を参照）．持続可能な利用を進めるためには，生産や流通の側だけではなく，私たち消費者の意識や購買行動も変える必要がある．

認証制度は，生態系保全に配慮した持続的な経営により産み出された一次産品やその加工品を公的機関が認証し，認証ラベルを付けて消費者が商品を選択できる制度である．森林認証，パーム油認証，水産物認証などが世界的に広がっている．認証された商品には付加価値がつくことで市場での競争力が高まり，持続可能な利用が促進されることが狙いである．

森林認証制度では第4章で紹介したFSC認証が有名であり，グローバル市場でのシェアは2009年の8%から2014年には15%に拡大した（WWF 2014）．ティッシュペーパーやコピー用紙，飲料のテトラパックなどで認証ラベルがみられる（図7.2）．日本は紙の原料の約3割をインドネシアからの輸入に頼っている．インドネシアは森林の減少がもっとも激しい国の一つで，アジアゾウやトラ，オランウータンなどが絶滅の危機に瀕している．FSCの森林認証は原則として択伐による生産を要件とし，希少な野生動物の生息地保全に配慮した経営も奨励されている．

図7.2 さまざまな認証商品．
左半分の洗剤やシャンプーなどはパーム油認証，右半分のジュースやティッシュペーパーは森林認証の商品である．

最近ではパーム油認証のRSPO（Roundtable on Sustainable Palm Oil：持続可能なパーム油のための円卓会議）も徐々に広がりを見せている．パーム油は東南アジアなどで広く栽培されているアブラヤシに由来し，日本のスーパーやコンビニで売られている食品や洗剤の半数以上に使用されている（古澤・南 2015）．アブラヤシのプランテーションも森林減少の主要因であり，パーム油の持続可能な生産を保証するRSPOの普及が望まれる．

日本では，自治体が推進する米の認証制度が盛んになっている．とくにトキやコウノトリの再導入が進められている新潟県佐渡市や兵庫県豊岡市では，環境保全型農業が広まっている．佐渡市の認証米制度では，農薬と化学肥料を慣行農業の5割以下に減らすことに加え，四つの「生きものを育む農法」（冬期湛水，江の設置，魚道の設置，ビオトープの設置）のうちから一つを実施し，さらに水田の生き物調査を行うことが要件となっている．2014年時点で，認証された水田面積は全体の2割以上を占めている．認証米には一般の米より約3割増しの価格のプレミアがつき（Usio et al. 2014），大手スーパーや首都圏での米穀店での販売が展開されている．公的な補助金に加え，こうした市場メカニズムを通した資金確保は重要である．

環境保全型農業の普及で水田の生物も実際に増加している（宇留間ら 2012, Usio et al. 2014）．またトキは認証米の水田をより頻繁に餌場として利用しているという報告もある．認証制度が，こうした本来の目的に対してどの程度機能しているかを評価することは，消費者の購買欲と制度自体を持続させる上で非常に重要である．

(4) 生物多様性オフセットとバンキング

欧米諸国では，開発による生物多様性への影響を別の場所で代償することで，実質的な損失をゼロにする（ノーネットロス）ことを義務化した法制度がある．損失を相殺するという意味で**生物多様性オフセット**と呼ばれている．日本ではまだ制度化されていないが，生物の生息地の減少を防ぐ有効な手段の一つである．

ここでの代償方法は3種類ある．つまり，①開発事業者が自ら実施する，②基金などの資金を支払って資金の管理者が実施する，③第三者（バンカー）が設立した**生物多様性バンク**から証券を購入する，である．③では，バンカーがあらかじめ生物多様性を復元または創出したことで蓄えた証券を開発事業者が購入する

仕組みである．地球温暖化防止のために作られた温暖化ガスの排出権取引とよく似ている．こうしたバンキングは，開発事業者自身が代償を実施するよりも長所がある．バンキングでは，事前に大面積で代償した一部を証券として販売できるので，結果的に散在した代償地ではなく，まとまった面積の代償地を創りだすことができる点である．これは，生息地の分断化による悪影響を緩和できることになる．さらに，バンカーによる計画的な緑地の創出が可能になる点も長所である．

　一方で，生物多様性オフセットには問題点も指摘されている．まずオフセットは生物多様性の保全上，代替が効かない生息地ではそもそも実現できない．絶滅危惧種の重要な生息地などがその例であろう．また，開発が制度的に正当化され，助長されるとの見方もある．さらに，生態系は巨視的にはオフセットされても，開発された場所では人間社会と自然との関係性や絆は失われることになる（福永 2015）．生物多様性オフセットは土地開発の回避ができない場合の最終手段として考えるべきであろう．

7.4　生物多様性と人間の福利：人の健康を例に

(1)　人間の福利としての健康

　生物多様性が生態系サービスを通して人間社会に貢献しているとことを示すには，社会の状態を表す用語が必要である．**人間の福利**（human well-being）はその代表であり，人間の暮らしに関わるものの総体，つまり生活必需品，行動の自由，健康，社会的きずな，文化的な独自性，安全の確保，などを意味している（Diaz et al. 2006）．人間の福利は，地域の経済状況や文化的背景も影響されるが，生態系サービスの供給状態が強く反映されるのは疑いない．

　2012 年に設立された **IPBES**（Intergovernmental Science-Policy Platform on Biodiversity and Ecosystem Services）は，生物多様性に関する科学を政策に反映させるための組織であり，気候変動についての IPCC の生物多様性版である．ここでは，科学的評価，知見生成，能力養成，政策立案支援の四つの活動が柱となっている．IPBES では，人と自然の複雑な関係を簡略化したモデルを提唱している（図 7.3）．生物多様性，生態系サービス，人間の福利の関係に加え，そ

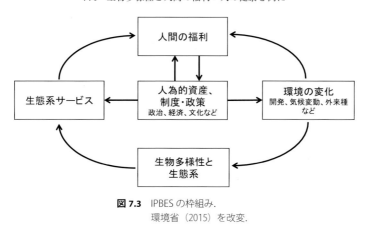

図 7.3　IPBES の枠組み．
環境省（2015）を改変．

れらに直接・間接的に影響する社会制度や政策も含めているのが特徴である．

人の健康は，人間の福利のなかでも主要な要素であり，それが生物多様性とどのような関係にあるかを評価することは，社会に対して非常に大きなメッセージを与えることになるだろう．以下では，生物多様性が人間の心身の健康に与える影響について，最近の研究成果からわかったことを紹介する．

（2）　都市緑地と健康

現在，地球上の約半数の人口は都市部に集中している．2030 年には，6 割に達すると予想されている．これは，人間の半数は自然と多少なりとも隔離された世界で暮らしていることを意味している．そうしたなかで都市緑地はさまざまな機能をもっている．ヒートアイランドの緩和，災害時の避難場所，運動の場，自然との触れ合いの場，人的交流の場などである．地価を対象とした経済評価でも，最寄りの都市緑地までの距離が短いほど，周辺の緑地面積が大きいほど地価が押し上げられることがわかっている（Dallimer et al. 2012, Lovell et al. 2014）．また，緑地は周辺住民の心身両面での健康状態を向上させているという報告が多い．たとえば，緑地は周辺住民の寿命の向上や循環器病の罹患率を低下させ，精神疲労を癒し，心の安定性を高める効果があるという（Dallimer et al. 2012）．こうした背景を受け，世界保健機構（WHO）は都市緑地の維持や創生により健康リスクを軽減し，結果として医療費の削減につなげることを目的に，都市住民 1 人あたりの緑地面積 $9\,\mathrm{m}^2$ を確保することを推奨している．

一方で生物多様性そのものが健康面でプラスになるかどうかは議論が多い．癒しなどのメンタルヘルスについては，緑地への来訪者が感じる種の多様性と正の関係があるが，それは単に樹木の量や特定の鳥類の数が多いことによる一種の錯覚で，実際の種数そのものが影響しているわけではないらしい（Dallimer et al. 2012）．また，緑地の利用者は花や樹木，鳥の多様性は望ましいと答えるが，昆虫は好ましくないという回答が多い（Shwartz et al. 2014）．だが，年長者や教育水準の高い人，幼少期に自然が多い地域で育った人は肯定的な意見が多いこともわかっている．これは，幼少時に自然や生物についての体験を積み，環境に関する教育を十分に受けることで，生物多様性に抱く感情が改善されることを示している．

(3) 都市の暮らしとアレルギー疾患

生物多様性が人の健康を維持するという因果関係の実証例は乏しいが，ここ数十年で急増している喘息やアトピーなど自己免疫疾患は，その数少ない事例ではないかと考えられている．衛生条件の改善による寄生虫や微生物の減少が自己免疫疾患を誘発するという仮説（hygiene hypothesis）は，30年近く前に提唱されたが（Strachan 1989），最近それを強く支持する証拠が提出されている．農村部では，都会の子供よりも皮膚や寝床の細菌や菌類の多様性が高く，それが喘息やアトピーの罹患率を抑制しているらしい（Ege et al. 2011, Hanski et al. 2012）．とくにグラム陰性菌であるガンマプロテオ細菌の属レベルの多様性が重要らしい（Hanski et al. 2012）．この細菌は土壌中に多く生息するが，顕花植物上にも見られ，子供が土や植物と触れ合う環境でより多く取り込まれると考えられる．

微生物の多様性が，免疫応答に関わる仕組みはまだよくわかっていない．だが，プロテアバクテリアは抑制性のインターロイキン（タンパク質）を分泌し，それが白血球の一種である T_1 細胞や制御性T細胞の産生を促すことが知られている．その結果，アレルゲンに対する応答で増えた T_2 細胞とバランスがとれ，アレルギー症状が緩和されると考えられる（Abrahamson et al. 2014）．しかし，多様性自体がその効果をどう強めているかはわかっていない．

(4) 子供時代の体験と人間形成

自然環境と短期的なメンタルヘルスでの関係に加え，幼少期における自然や生

7.4 生物多様性と人間の福利：人の健康を例に

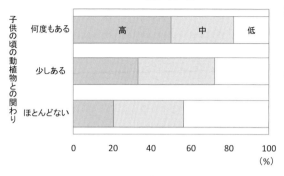

図 7.4 幼少期の生き物体験とその後の「共生感」の醸成.
国立青少年教育推進機構（2010）を改変.

物との触れ合いが，その後の人間形成にどう関わってくるかは重要な課題である．だが，研究段階に達しているものはほとんどないようである．

国立青少年教育推進機構が行ったアンケート調査は数少ない手掛かりを与えてくれる．子供のころの自然体験（魚釣り，星の観察，湧水を飲むなど）や動植物との触れ合い（昆虫採集や野鳥観察など）が，成人してからの人間関係能力や共生感を育むという結果が出されている（図7.4）．ここでの人間関係能力とは，おもにコミュニケーション力を意味し，共生感とは，自然への愛着や他人への思いやりの心を意味している．因果関係の有無については更なる検証が必要であるが，科学的な評価の一歩としての意義は大きい．

生物多様性にはそれに内在する価値があり，人間にとっての利用や利益の観点からその価値を論じるのは相応しくないという意見もある．だが，多様な価値観をもつ人々の協力なくして，急激に進む生物多様性の劣化を食い止めることは難しい．IPBESで提示された評価の枠組みは功利主義的ではあるが，多くの人が参画でき，理解されやすいものである．生物多様性の重要性が社会に広まり，その主流化が進めば，内在的価値に基づく義務論と，功利主義のギャップを結果的に埋めることができるに違いない．

引用文献

Abrahamsson TR, Jakobsson HE, Andersson AF, Björkstén B, Engstrand L, Jenmalm MC (2012) Low diversity of the gut microbiota in infants with atopic eczema. Journal of Allergy Clinical Immunology 129: 434-440.
Akeboshi A, Takagi S, Murakami M, Hasegawa M, Miyashita T (2015) A forest-grassland boundary enhances patch quality for a grassland-dwelling butterfly as revealed by dispersal processes. Journal of Insect Conservation 19: 15-24.
Albins MA (2013) Effects of invasive Pacific red lionfish *Pterois volitans* versus a native predator on Bahamian coral-reef fish communities. Biological Invasions 15: 29-43.
Albins MA (2015) Invasive Pacific lionfish *Pterois volitans* reduce abundance and species richness of native Bahamian coral-reef fishes. Marine Ecology Progress Series 522: 231-243.
Albins MA, Hixon MA (2013) Worst case scenario: potential long-term effects of invasive predatory lionfish (*Pterois volitans*) on Atlantic and Caribbean coral-reef communities. Environmental Biology of Fishes 96: 1151-1157.
Allendorf FW, Servheen C (1986) Genetics and the conservation of grizzly bears. Trends in Ecology and Evolution 1: 88-89.
Altieri AH, van de Koppel J (2014) Foundation species in marine ecosystems. In: Bertness MD, Bruno JF, Silliman BR, Stachowicz JJ (eds) Marine Community Ecology and Conservation. Sinauer Associates, Sunderland. pp 37-56.
Aycrigg JL, Garton EO (2014) Linking metapopulation structure to elk population management in Idaho: a genetic approach. Journal of Mammalogy 95: 597-614.
Bagan H, Yamagata Y (2012) Landsat analysis of urban growth: how Tokyo became the world's largest megacity during the last 40 years. Remote Sensing of Environment 127: 210-222.
Baker AC, Glynn PW, Riegl B (2008) Climate change and coral reef bleaching: an ecological assessment of long-term impacts, recovery trends and future outlook. Estuarine, Coastal and Shelf Science 80: 435-471.
Barboza FR, Defeo O (2015) Global diversity patterns in sandy beach macrofauna: a biogeographic analysis. Scientific Reports 5: 14515.
Barluenga M, Stölting KN, Salzburger W, Muschick M, Meyer A (2006) Sympatric speciation in Nicaraguan crater lake cichlid fish. Nature 439: 719-723.
Barnosky AD, Matzke N, Tomiya S, Wogan GOU, Swartz B, Quental TB, Marshall C, McGuire JL, Lindsey EL, Maguire KC, Mersey B, Ferrer EA (2011) Has the Earth's sixth mass extinction already arrived? Nature 471: 51-57.
Begon M, Townsend CR, Harper JL (2006) Ecology: From Individuals to Ecosystems, 4th ed. Blackwell.
Bellwood DR, Hughes TP, Folke C, Nyström M (2004) Confronting the coral reef crisis. Nature 429: 827-833.
Bosire JO, Dahdouh-Guebas F, Walton M, Crona BI, Lewis RRIII, Field C, Kairo JG, Koedam N (2008) Functionality of restored mangroves: a review. Aquatic Botany 89: 251-259.
Brevik EC, Sauer TJ (2015) The past, present, and future of soild and human studies. Soil 1: 35-46.
Bruno JF, Bertness MD (2001) Habitat modification and facilitation in benthic marine communities. In: Bertness MD, Gaines SD, Hay ME (eds) Marine Community Ecology. Sinauer Associates, Sunderland.

pp 201-218.
Bruno JF, Sweatman H, Precht WF, Selig ER, Schutte VG (2009) Assessing evidence of phase shifts from coral to macroalgal dominance on coral reefs. Ecology 90: 1478-1484.
Bulman CR, Wilson RJ, Holt AR, Bravo LG, Early RI, Warren MS, Thomas CD (2007) Minimum viable metapopulation size, extinction debt, and the conservation of a declining species. Ecological Applications 15: 1460-1473.
Cardinale BJ (2011) Biodiversity improves water quality through niche partitioning. Nature 472: 86-89.
Cardinale BJ, Duffy JE, Gonzalez A, Hooper DU, Perrings C, Venail P, Narwani A, Mace GM, Tilman D, Wardle DA, Kinzig AP, Daily GC, Loreau M, Grace JB, Larigauderie AL, Srivastava DS, Naeem S (2012) Biodiversity loss and its impact on humanity. Nature 486: 59-67.
Costanza R, de Groot R, Sutton P, van der Ploeg S, Anderson SJ, Kubiszewski I, Farber S. Turner RK (2014) Changes in the global value of ecosystem services. Global Environmental Change 26: 152-158.
Côté IM, Green SJ, Hixon MA (2013) Predatory fish invaders: insights from Indo-Pacific lionfish in the western Atlantic and Caribbean. Biological Conservation 164: 50-61.
Courchamp F, Langlais M, Sugihara G (1999) Cats protecting birds: modelling the mesopredator release effect. Journal of Animal Ecology 68: 282-292.
Crooks KR, Soulé ME (1999) Mesopredator release and avifaunal extinctions in a fragmented system. Nature 400: 563-566.
Crouse DT, Crowder LB, Caswell H (1987) A stage-based population model for loggerhead sea turtles and implications for conservation. Ecology 68: 1412-1423.
Crowder LB, Crouse DT, Heppell SS, Martin TH (1994) Predicting the Impact of turtle excluder devices on loggerhead sea turtle populations. Ecological Applications 4: 437-445.
Dallimer M, Irvine KN, Skinner AMJ, Davies ZG, Rouquette JR, Maltby LL, Warren PH, Armsworth PR, Gaston KJ (2012) Biodiversity and the feel-good factor: understanding associations between self-reported human well-being and species richness. BioScience 62: 47-55.
Defeo O, McLachlan A, Schoeman DS, Schlacher TA, Dugan J, Jones A, Lastra M, Scapini F (2009) Threats to sandy beach ecosystems: a review. Estuarine, Coastal and Shelf Science 81: 1-12.
Dennis B, Munholland PL, Scott JM (1991) Estimation of growth and extinction parameters for endangered species. Ecological Monographs 61: 115-143.
Díaz S, Fargione J, Chapin FS III, Tilman D (2006) Biodiversity loss threatens human well-being. PLoS Biology 4: e277.
Dirzol R, Young HS, Galetti M, Ceballos G, Isaac NJB, Collen B (2014) Defaunation in the Anthropocene. Nature 345: 401-406.
Dugan JE, Hubbard DM, McCrary MD, Pierson MO (2003) The response of macrofauna communities and shorebirds to macrophyte wrack subsidies on exposed sandy beaches of southern California. Estuarine, Coastal and Shelf Science 58S: 25-40.
Dunning JB, Danielson BJ, Pulliam HR (1992) Ecological processes that affect populations in complex landscapes. Oikos 65: 169-175.
Edwards CB, Friedlander AM, Green AG, Hardt MJ, Sala E, Sweatman HP, Williams ID, Zgliczynski B, Sandin SA, Smith JE (2014) Global assessment of the status of coral reef herbivorous fishes: evidence for fishing effects. Proceedings of the Royal Society B 281: 20131835.
Edwards DP, Tobias JA, Sheil D, Meijaard E. Laurance WF (2014) Maintaining ecosystem function and services in logged tropical forests. Trends in Ecology and Evolution 29: 511-520.
Ege MJ, Mayer M, Normand AC, Genuneit J, Cookson WOCM, Phil D, Braun-Fahrländer C, Heederik D, Piarroux R, Mutius EV (2011) Exposure to environmental microorganisms and childhood asthma. New England Journal of Medicine 364: 701-709.
Ellison AM (2000) Mangrove restoration: do we know enough? Restoration Ecology 8: 219-229.

Ellison AM (2008) Managing mangroves with benthic biodiversity in mind: moving beyond roving banditry. Journal of Sea Research 59: 2-15.
Fahrig L, Baudry J, Brotons L, Burel FG, Crist TO, Fuller RJ, Sirami C, Martin JL (2011) Functional landscape heterogeneity and animal biodiversity in agricultural landscapes. Ecology Letters 14: 101-112.
FAO (2007) The world's mangroves 1980-2005: A thematic study prepared in the framework of the global forest resources assessment 2005. FAO, Rome.
FAO (2015) Global forest resources assessment 2015 desk reference. FAO of the United Nations.
FAO (2016) State of the World's Forests 2016 (SOFO): Forests and agriculture: land use challenges and opportunities. Available at: http://www.fao.org/documents/card/en/c/ffed061b-82e0-4c74-af43-1a999a443fbf/
Fowler AM, Booth DJ (2013) Seasonal dynamics of fish assemblages on breakwaters and natural rocky reefs in a temperate estuary: consistent assemblage differences driven by sub-adults. PLoS One 8: e75790.
Fründ J, Dormann CF, Holzschuh A, Tscharntke T (2013) Bee diversity effects on pollination depend on functional complementarity and niche shifts. Ecology 94: 2042-2054.
Fujikura K, Lindsay D, Kitazato H, Nishida S, Shirayama Y (2010) Marine biodiversity in Japanese waters. PLoS One 5: e11836.
Fujita G, Naoe S, Miyashita T (2015) Modernization of drainage systems decreases gray-faced buzzard occurrence by reducing frog densities in paddy-dominated landscapes. Landscape and Ecological Engineering 11: 189-198.
Gibson L, Lee TM, Koh LP, Brook BW, Gardner TA, Barlow J, Peres CA, Bradshaw CJA, Laurance WF, Lovejoy TE, Sodhi NS (2011) Primary forests are irreplaceable for sustaining tropical biodiversity. Nature 478: 378-383.
Gilburn AS, Bunnefeld N, Wilson JMV, Botham MS, Brereton TM, Fox R, Goulson D (2015) Are neonicotinoid insecticides driving declines of widespread butterflies? PeerJ 3: e1402.
Gilmour JP, Smith LD, Heyward AJ, Baird AH, Pratchett MS (2013) Recovery of an isolated coral reef system following severe disturbance. Science 340: 69-71.
Goddard MA, Dougill AJ, Benton TG (2010) Scaling up from gardens: biodiversity conservation in urban environments. Trends in Ecology and Evolution 25: 90-98.
Graham NAJ, Jennings S, MacNeil MA, Mouillot D, Wilson SK (2015) Predicting climate-driven regime shifts versus rebound potential in coral reefs. Nature 518: 94-97.
Hallmann CA, Foppen RB, Turnhout CAMV, Kroon HD, Jongejans E (2014) Declines in insectivorous birds are associated with high neonicotinoid concentrations. Nature 511: 341-343.
Hanski I, Hertzen LV, Fyhrquist N, Koskinen K, Torppa K, Laatikainen T, Karisola P, Auvinen P, Paulin L, Mäkelä MJ, Vartiainen E, Kosunen TU, Alenius H, Haahtela T (2012) Environmental biodiversity, human microbiota, and allergy are interrelated. PNAS 109: 8334-8339.
Hanski I, Kuussaari M, Nieminen M (1994) Metapopulation structure and migration in the butterfly *Melitaea cinxia*. Ecology 75: 747-762.
Hanski I, Ovaskainen O (2000) The metapopulation capacity of a fragmented landscape. Nature 404: 755-758.
Harrison S (1991) Local extinction in a metapopulation context: an empirical evaluation. Biological Journal of the Linnean Society 42: 73-88.
Hashiguchi T (2014) Japan's agricultural policies after World War II: agricultural land use policies and problems. In: Usio N, Miyashita T (eds) Social-Ecolgical Restoration in Paddy-Dominated Landscapes. Springer.
Helfield JM, Naiman RJ (2006) Keystone interactions: salmon and bear in riparian forests of Alaska. Ecosystems 9: 167-180.

Hendry AP, Grant PR, Grant BR, Ford HA, Brewer MJ, Podos J (2006) Possible human impacts on adaptive radiation: beak size bimodality in Darwin's finches. Proceedings of the Royal Society of London B: Biological Sciences 273: 1887-1894.

Hertwich, E (2012) Remote responsibility. Nature 486: 36-37.

Honda K, Nakamura Y, Nakaoka M, Uy WH, Fortes MD (2013) Habitat use by fishes in coral reefs, seagrass beds and mangrove habitats in the Philippines. PLoS One 8: e65735.

Hughes TP, Rodrigues MJ, Bellwood DR, Ceccarelli D, Hoegh-Guldberg O, McCook L, Moltschaniwskyj N, Pratchett MS, Steneck RS, Willis B (2007) Phase shifts, herbivory, and the resilience of coral reefs to climate change. Current Biology 17: 360-365.

Imai N, Samejima H, Langner A, Ong RC, Kita S, Titin J, Chung AYC, Lagan P, Lee YF, Kitayama K (2009) Co-benefits of sustainable forest management in biodiversity conserbation and carbon sequestration. PLoS One 4: e8267.

Imai N, Seino T, Aiba SI, Takyu M, Titin J, Kitayama K (2012) Effects of selective logging on tree species diversity and composition on Bornean tropical rain forests at different spatial scales. Plant Ecology 213: 1413-1424.

Ishiguro N, Inoshima Y, Shigehara N (2009) Mitochondrial DNA analysis of the Japanese wolf (*Canis lupus hodophilax* Temminck, 1839) and comparison with representative wolf and domestic dog haplotypes. Zoological Science 26: 765-770.

IUCN (2012) Protected Planet Report 2012: Tracking Progress towards Global Targets for Protected Areas. United Nations Environment Programme.

IUCN (2014) IUCN Red list of Threatened Species. Switzerland.

Joppa LN, Visconti P, Jenkins CN, Pimm SL (2013) Achieving the convention on biological diversity's goals for plant conservation. Science 341: 1100-1103.

Kadoya T, Takenaka A, Ishihama F, Fujita T, Ogawa M, Katsuyama T, Kadono Y, Kawakubo N, Serizawa S, Takahashi H, Takamiya M, Fujii S, Matsuda H, Yahara T (2014) Crisis of Japanese vascular flora shown by quantifying extinction risks for 1618 taxa. PLos One 9: e98954.

Kadoya T, Washitani I (2011) The Satoyama Index: A biodiversity indicator for agricultural landscapes. Agriculture, Ecosystems and Environment 140: 20-26.

Karube H (2010) Endemic insects in the Ogasawara Islands: negative impacts of alien species and a potential mitigation strategy. In: Kawakami K and Okochi I (eds) Restoring the Oceanic Island Ecosystem. Springer. pp133-137.

Katayama N, Amano T, Fujita G, Higuchi H (2012) Spatial overlap between the intermediate egret *Egretta intermedia* and its aquatic prey at two spatiotemporal scales in a rice paddy landscape. Zoological Studies 51: 1105-1112.

Katayama N, Amano T, Naoe S, Yamakita T, Komatsu I, Takagawa S, Sato N, Ueta M, Miyashita T (2014) Landscape heterogeneity-biodiversity relationship: effect of range size. PLoS One 9: e93359.

Katayama N, Baba YG, Kusumoto Y, Tanaka K (2015) A review of post-war changes in rice farming and biodiversity in Japan. Agricultural Systems 132: 73-84.

Katayama N, Osawa T, Amano T (2015) Are both agricultural intensification and farmland abandonment threats to biodiversity?: a test with bird communities in paddy-dominated landscapes. Agriculture, Ecosystems and Environment 214: 21-30.

Kato N, Yoshio M, Kobayashi R, Miyashita T (2010) Differential responses of two anuran species breeding in rice fields to landscape composition and spatial scale. Wetlands 30: 1171-1179.

Kelly BP, Whiteley A, Tallmon D (2010) The Arctic melting pot. Nature 468: 891-891.

Kiritani K (2010) A Comprehensive List of Organisms Associated with Paddy Ecosystems in Japan. The Institute of Agriculture and Natural Environment, Itoshima, 60 p.

Knowlton N, Weight LA, Solorzano LA, Mills DK, Bermingham E (1993) Divergence in proteins, mitochondrial DNA, and reproductive compatibility across the Isthmus of Panama. Science 260: 1629-1632.

Kohyama T (1993) Size-structured tree populations in gap-dynamic forest: the forest architecturehypothesis for the stable coexistence of species. Journal of Ecology 81: 131-143.

Kuuluvainen T (1992) Tree architectures adapted to efficient light utilization: is there a basis for latitudinal gradients? Oikos 65: 275-284.

Kuuluvainen T, Grenfell R (2012) Natural disturbance emulation in boreal forest ecosystem management: theories, strategies, and a comparison with conventional even-aged management. Canadian Journal of Forest Research 42: 1185-1203.

Lande R (1987) Extinction thresholds in demographic models of territorial populations. The American Naturalist 130: 624-635.

Lande R (1988) Genetics and demography in biological conservation. Science 241: 1455-1460.

Larkum AWD, Orth RJ, Duarte CM eds (2006) Seagrasses: Biology, Ecology and Conservation. Springer.

Lenzen M, Moran D, Kanemoto K, Foran B, Lobefaro L. Geschke A (2012) International trade drives biodiversity threats in developing nations. Nature 486: 109-112.

Lester SE, Halpern BS, Grorud-Colvert K, Lubchenco J, Ruttenberg BI, Gaines SD, Airamé S, Warner RR (2009) Biological effects within no-take marine reserves: a global synthesis. Marine Ecology Progress Series 384: 33-46.

Ling LL, Schneider T, Peoples AJ, Spoering AL, Engels I, Conlon BP, Mueller A, Schäberle TF, Hughes DE, Epstein S, Jones M, Lazarides L, Steadman VA, Cohen DR, Felix CR, Fetterman KA, Millett WP, Nitti AG, Zullo AM, Chen C, Lewis K (2015) A new antibiotic kills pathigens without detectable resistance. Nature 517: 455-462.

Loreau M, Hector A (2001) Partitioning selection and complementarity in biodiversity experiments. Nature 412: 72-76.

Losos JB, Schoener TW, Langerhans RB, Spiller DA (2006) Rapid temporal reversal in predator-driven natural selection. Science 314: 1111.

Lovell R, Wheeler BW, Higgins SL, Irvine KN, Depledge MH (2014) A systematic review of the health and well-being benefits of biodiverse environments. Journal of Toxicology and Environmental Health 17: 1-20.

Lovelock CE, Cahoon DR, Friess DA, Guntenspergen GR, Krauss KW, Reef R, Rogers K, Saunders ML, Sidik F, Swales A, Saintilan N, Thuyen LX, Triet T (2015) The vulnerability of Indo-Pacific mangrove forests to sea-level rise. Nature 526: 559-563.

MacArthur RH (1958) Population ecology of some warblers of Northeastern coniferous forests. Ecology 39: 599-619.

Martin EA, Reineking B, Seo B, Steffan-Dewenter I (2013) Natural enemy interactions constrain pest control in complex agricultural landscapes. Proceedings of the National Acadey of Science 110: 5534-5539.

Matsuzaki SS, Kadoya T (2015) Trends and stability of inland fishery resources in Japanese lakes: introduction of exotic piscivores as a driver. Ecological Applications 25: 1420-1432.

McCauley DJ, Pinsky ML, Palumbi SR, Estes JA, Joyce FH, Warner RR (2015) Marine defaunation: animal loss in the global ocean. Science 347: 1255641.

McLachlan A, Brown AC (2006) The Ecology of Sandy Shores, Second edition. Academic Press.

McWilliams JP, Côté IM, Gill JA, Sutherland WJ, Watkinson AR (2005) Accelerating impacts of temperature-induced coral bleaching in the Caribbean. Ecology 86: 2055-2060.

Millennium Ecosystem Assessment (2005) Ecosystems and Human Well-being: Biodiversity Synthesis. World Resources Institute.

Miyashita T, Amano T, Yamakita T (2014) Effects of ecosystem diversity on species richness and ecosystem functioning and services: a general conceptualization. In: Nakano S, Yahara T, Nakashizuka T (eds) The Biodiversity Observation Network in the Asia-Pacific Region: Integrative Observations and Assessments of Asian Biodiversity. Springer.

Miyashita T, Chishiki Y, Takagi SR (2012) Landscape heterogeneity at multiple spatial scales enhances spider species richness in an agricultural landscape. Population Ecology 54: 573-581.

Miyashita T, Yamanaka M, Tsutsui HM (2014) Distribution and abundance of organisms in paddy-dominated landscapes with implications for wildlife-friendly farming. In: Usio N, Miyashita T (eds) Social and Ecological Restoration in Paddy Dominated Landscapes. Springer.

Mumby PJ, Dahlgren CP, Harborne AR, Kappel CV, Micheli F, Brumbaugh DR, Holmes KE, Mendes JM, Broad K, Sanchirico JN, Buch K, Box S, Stoffle RW, Gill AB (2006) Fishing, trophic cascades, and the process of grazing on coral reefs. Science 311: 98-101.

Mumby PJ, Steneck RS (2008) Coral reef management and conservation in light of rapidly evolving ecological paradigms. Trends in Ecology and Evolution 23: 555-563.

Murata K, Okamoto C, Matsuura A, Iwata M (2008) Etfectof grazing intensity on the habitat of *Shijimiaeoides divinusasonis* (Matsumura) (Lepidoptera, Lycaenidae). Transaction of Lepidepterous Society of Japan 59: 251-259.

Mwandya AW, Gullström M, Öhman MC, Andersson MH, Mgaya YD (2009) Fish assemblages in Tanzanian mangrove creek systems influenced by solar salt farm constructions. Estuarine, Coastal and Shelf Science 82: 193-200.

Myers RA, Baum JK, Shepherd TD, Powers SP, Peterson CH (2007) Cascading effects of the loss of apex predatory sharks from a coastal ocean. Science 315: 1846-1850.

Nagelkerken I (2009) Evaluation of nursery function of mangroves and seagrass beds for tropical decapods and reef fishes: patterns and underlying mechanisms. In: Nagelkerken I (ed) Ecological connectivity among tropical coastal ecosystems. Springer. pp 357-399.

Nagelkerken I, Blaber SJM, Bouillon S, Green P, Haywood M, Kirton LG, Meynecke J-O, Pawlik J, Penrose HM, Sasekumar A, Somerfield PJ (2008) The habitat function of mangroves for terrestrial and marine fauna: a review. Aquatic Botany 89: 155-185.

Nagelkerken I, Roberts CM, van der Velde G, Dorenbosch M, van Riel MC, Cocheret de la Morinière E, Nienhuis PH (2002) How important are mangroves and seagrass beds for coral-reef fish?: the nursery hypothesis tested on an island scale. Marine Ecology Progress Series 244: 299-305.

Nakane Y, Suda Y, Sano M (2013) Responses of fish assemblage structures to sandy beach types in Kyushu Island, southern Japan. Marine Biology 160: 1563-1581.

Nakano S, Murakami M (2001) Reciprocal subsidies: dynamic interdependence between terrestrial and aquatic food webs. PNAS 98: 166-170.

Nanjo K, Kohno H, Nakamura Y, Horinouchi M, Sano M (2014a) Differences in fish assemblage structure between vegetated and unvegetated microhabitats in relation to food abundance patterns in a mangrove creek. Fisheries Science 80: 21-41.

Nanjo K, Kohno H, Nakamura Y, Horinouchi M, Sano M (2014b) Effects of mangrove structure on fish distribution patterns and predation risks. Journal of Experimental Marine Biology and Ecology 461: 216-225.

Naoe S, Katayama N, Amano T, Akasaka M, Yamakita T, Ueta M, Matsuba M, Miyashita T (2014) Identifying priority areas for national-level conservation to achieve Aichi Target 11: a case study of using terrestrial birds breeding in Japan. Journal for Nature Conservation 24: 101-108.

Nepstad D, McGrath D, Stickler C, Alencar A, Azevedo A, Swette B, Bezerra T, DiGiano M, Shimada J, de Motta RS, Armijo E, Castello L, Brando P, Hansen MC, McGrath-Horn M, Carvalho O, Hess L (2014) Slowing Amazon deforestation through public policy and interventions in beef and soy supply chains. Science 334: 1118-1123.

Nosil P (2012) Ecological Speciation. Oxford University Press.
Nosil P, Crespi BJ, Sandoval CP (2002) Host-plant adaptation drives the parallel evolution of reproductive isolation. Nature 417: 440-443.
Olsen EM, Heino M, Lilly GR, Morgan MJ, Brattey J, Ernande B, Dieckmann U (2004) Maturation trends indicative of rapid evolution preceded the collapse of northern cod. Nature 428: 932-935.
Pandolfi JM, Connolly SR, Marshall DJ, Cohen AL (2011) Projecting coral reef futures under global warming and ocean acidification. Science 333: 418-422.
Phalan B, Onial M, Balmford A, Green RE (2011) Reconciling food production and biodiversity conservation: land sharing and land sparing compared. Science 333: 1289-1291.
Powell B, Martens M (2005) A review of acid sulfate soil impacts, actions and policies that impact on water quality in Great Barrier Reef catchments, including a case study on remediation at East Trinity. Marine Pollution Bulletin 51: 149-164.
Pratchett MS, Hoey AS, Wilson SK, Messmer V, Graham NAJ (2011) Changes in biodiversity and functioning of reef fish assemblages following coral bleaching and coral loss. Diversity 3: 424-452.
Pratchett MS, Munday PL, Wilson SK, Graham NAJ, Cinner JE, Bellwood DR, Jones GP, Polunin NVC, McClanahan TR (2008) Effects of climate-induced coral bleaching on coral-reef fishes: ecological and economic consequences. Oceanography and Marine Biology: An Annual Review 46: 251-296.
Primavera JH, Esteban JMA (2008) A review of mangrove rehabilitation in the Philippines: successes, failures and future prospects. Wetlands Ecology and Management 16: 345-358.
Putz FE, Zuidema PA, Pinard MA, Boot RGA, Sayer JA, Sheil D, Sist P, Vanclay JK (2008) Improved tropical management for carbon retention. PLoS Biology 6: e166.
Rackham O (2008) Ancient woodlands: modern threats. New Phytologist 180: 571-586.
Radera R, Bartomeus I, Garibaldi LA, Garratt MPD, Howlett BG, Winfree R, Cunningham SA, Mayfield MM, Arthur AD, Andersson GKS, Bommarco R, Brittainn C, Carvalheiro LG, Chacoff NP, Entling MH, Foully B, Breno M, Freitas BM, Gemmill-Herrenu B, Ghazoul J, Griffin SR, Grossa CL, Herbertsson L, Herzog F, Hipólitox J, Jaggar S, Jauker F, Klein AM, Kleijn D, Krishnan S, Lemos CQ, Lindström SAM, Mandelik Y, Monteiro VM, Nelson W, Nilsson L, Pattemore DE, Pereira NDO, Pisanty G, Potts SG, Reemer M, Rundlöf M, Sheffield CS, Scheper J, Schüepp C, Smith HG, Stanley DA, Stout JC, Szentgyörgyi H, Taki H, Vergara CH, Viana BF, Woyciechowski M (2016) Non-bee insects are important contributors to global crop pollination. PNAS 113: 146-151.
Rayner MJ, Hauber ME, Imber MJ, Stamp RK, Clout MN (2007) Spatial heterogeneity of mesopredator release within an oceanic island system. Proceedings of the National Academy of Sciences 104: 20862-20865.
Roland J, Matter SF (2007) Encroaching forests decouple alpine butterfly population dynamics. Proceedings of the National Academy of Sciences 104: 13702-13704.
Rose GA, Rowe S (2015) Northern cod comeback. Canadian Journal of Fisheries and Aquatic Sciences 72: 1789-1798.
Russell DJ, Preston KM, Mayer RJ (2011) Recovery of fish and crustacean communities during remediation of tidal wetlands affected by leachate from acid sulfate soils in north-eastern Australia. Wetlands Ecology and Management 19: 89-108.
Saccheri IJ, Rousset F, Watts PC, Brakefield PM, Cook LM (2008) Selection and gene flow on a diminishing cline of melanic peppered moths. Proceedings of the National Academy of Sciences 105: 16212-16217.
Saito O, Ichikawa K (2014) Socio-ecological systems in paddy-dominated landscapes in Asian monsoon. In: Usio N, Miyashita T (eds) Social-Ecolgical Restoration in Paddy-Dominated Landscapes. Springer.
Sankararaman S, Mallick S, Dannemann M, Prüfer K, Kelso J, Pääbo S, Patterson N, Reich D (2014) The genomic landscape of Neanderthal ancestry in present-day humans. Nature 507: 354-357.

Sano M (2000) Stability of reef fish assemblages: responses to coral recovery after catastrophic predation by *Acanthaster planci*. Marine Ecology Progress Series 198: 121-130.

Sano M (2001) Short-term responses of fishes to macroalgal overgrowth on coral rubble on a degraded reef at Iriomote Island, Japan. Bulletin of Marine Science 68: 543-556.

Sano M, Shimizu M, Nose Y (1987) Long-term effects of destruction of hermatypic corals by Acanthaster planci infestation on reef fish communities at Iriomote Island, Japan. Marine Ecology Progress Series 37: 191-199.

Sassa S, Yang S, Watabe Y, Kajihara N, Takada Y (2014) Role of suction in sandy beach habitats and the distributions of three amphipod and isopod species. Journal of Sea Research 85: 336-342.

Sato T, Watanabe K, Kanaiwa M, Niizuma Y, Harada Y, Lafferty KD (2011) Nematomorph parasites drive energy flow through a riparian ecosystem. Ecology 92: 201-207.

Seehausen O, Van Alphen JJ, Witte F (1997) Cichlid fish diversity threatened by eutrophication that curbs sexual selection. Science 277: 1808-1811.

Seino T (1998) Intermittent shoot growth in saplings of *Acanthopanax sciadophylloides* (Araliaceae). Annals of Botany 81: 535-543.

Serafy JE, Shideler GS, Araújo RJ, Nagelkerken I (2015) Mangroves enhance reef fish abundance at the Caribbean regional scale. PLoS One 10: e0142022.

Shinnaka T, Sano M, Ikejima K, Tongnunui P, Horinouchi M, Kurokura H (2007) Effects of mangrove deforestation on fish assemblage at Pak Phanang Bay, southern Thailand. Fisheries Science 73: 862-870.

Shwartz A, Turbé A, Simon L, Julliard R (2014) Enhancing urban biodiversity and its influence on city-dwellers: an experiment. Biological Conservation 171: 82-90.

Slabbekoorn H, Ripmeester EA (2008) Birdsong and anthropogenic noise: implications and applications for conservation. Molecular Ecology 17: 72-83.

Spalding M, Kainuma M, Collins L (2010) World Atlas of Mangroves. Earthscan.

Spalding MD, Ravilious C, Green EP (2001) World Atlas of Coral Reefs. University of California Press.

Speybroeck J, Bonte D, Courtens W, Gheskiere T, Grootaert P, Maelfait J-P, Mathys M, Provoost S, Sabbe K, Stienen EWM, van Lancker V, Vincx M, Degraer S (2006) Beach nourishment: an ecologically sound coastal defence alternative? a review. Aquatic Conservation: Marine and Freshwater Ecosystems 16: 419-435.

Strachan DP (1989) Hay fever, hygiene and household size. British Medical Journal 299: 1259-1260.

Suzuki M (2013) Succession of abandoned coppice woodlands weakens tolerance of ground-layer vegetation to ungulate herbivory: a test involving a field experiment. Forest Ecology and Management 289: 318-324.

Taki H, Okabe K, Makino S, Yamaura Y (2009) Contribution of small insects to pollination of common buckwheat, a distylous crop. Annals of Applied Biology 155: 121-129.

Taki H, Okabe K, Yamaura Y, Matsuura T, Sueyoshi M, Makino S, Maeto K (2010) Effects of landscape metrics on Apis and non-Apis pollinators and seed set in common buckwheat. Basic and Applied Ecology 1: 594-602.

Tatematsu S, Usui S, Kanai T, Tanaka Y, Hyakunari W, Kaneko S, Kanou K, Sano M (2014) Influence of artificial headlands on fish assemblage structure in the surf zone of a sandy beach, Kashimanada Coast, Ibaraki Prefecture, central Japan. Fisheries Science 80: 555-568.

TEEB (2008) An interim report. European Communities. (Available at: http://www.teebweb.org/publication/the-economics-of-ecosystems-and-biodiversity-an-interim-report/)

Thies C, Tscharntke T (1999) Landscape structure and biological control in agroecosystems. Nature 285: 893-895.

Tsutsui HM, Tanaka K, Baba YG, Miyashita T (2016) Spatio-temporal dynamics of generalist predators

(*Tetragnatha* spider) in environmentally friendly paddy fields. Applied Entomology and Zoology 51: 631-640.

Uchida K, Ushimaru A (2014) Biodiversity declines due to abandonment and intensification of agricultural lands: Patterns and mechanisms. Ecological Monographs 84: 637-658.

UNEP, FAO, UNFF (2009) Vital Forest Graphics. (Lambrechts C, Wilkie ML, Rucevska I, Sen M (eds)) (Available at: http://www.unep.org/vitalforest/)

Urban MC (2015) Accelerating extinction risk from climate change. Science 348: 571-573.

Usio N, Saito R, Akanuma H, Watanabe R (2014) Effectiveness of wildlife-friendly farming on aquatic macroinvertebrate diversity on Sado Island in Japan. In: Usio N, Miyashita T (eds) Social and Ecological Restoration in Paddy Dominated Landscapes. Springer.

Walker BL (B. ウォーカー) (2009) 絶滅した日本のオオカミ―その歴史と生態学―, 浜 健二訳. 北海道大学出版会.

Wallace BP, DiMatteo AD, Hurley BJ, Finkbeiner EM, Bolten AB, Chaloupka MY, Hutchinson BJ, Abreu-Grobois FA, Amorocho D, Bjorndal KA, Bourjea J, Bowen BW, Dueñas RB, Casale P, Choudhury BC, Costa A, Dutton PH, Fallabrino A, Girard A, Girondot M, Godfrey MH, Hamann M, López-Mendilaharsu M, Marcovaldi MA, Mortimer JA, Musick JA, Nel R, Pilcher NJ, Seminoff JA, Troëng S, Witherington B, Mast RB (2010) Regional management units for marine turtles: a novel framework for prioritizing conservation and research across multiple scales. PLoS One 5: e15465.

Watari DY, Takatsuki S, Miyashita T (2008) Effects of exotic mongoose (*Herpestes javanicus*) on the native fauna of Amami-Oshima island, southern Japan, estimated by distribution patterns along the historical gradient of mongoose invasion. Biological Invasions, 10: 7-17.

Wilcove DS, Giam X, Edwards DP, Fisher B, Koh LP (2013) Navjot's nightmare revisited: logging, agriculture, and biodiversity in Southeast Asia. Trends in Ecology and Evolution 28: 531-539.

Wilkinson C (2006) Status of coral reefs of the world: summary of threats and remedial action. In: Côté IM, Reynolds JD (eds) Coral Reef Conservation. Cambridge University Press. pp 3-39.

Wilson EO (1987) The arboreal ant fauna of Peruvian Amazon forests: a first assessment. Biotropica 19: 245-251.

Wilson SK, Depczynski M, Fisher R, Holmes TH, O'Leary RA, Tinkler P (2010) Habitat associations of juvenile fish at Ningaloo Reef, Western Australia: the importance of coral and algae. PLoS One 5: e15185.

Wilson SK, Graham NAJ, Pratchett MS, Jones GP, Polunin NVC (2006) Multiple disturbances and the global degradation of coral reefs: are reef fishes at risk or resilient? Global Change Biology 12: 2220-2234.

WWF (2014) Living Planet Report 2014: Species and Spaces, People and Places. WWF International, Switzerland.

WWF (2014) Making Better Production Everybody's Busuiness, Results of 5 Years of WWF Market Transformation Work.

Yamamoto SI (2000) Forest gap dynamics and tree regeneration. Journal of Forest Research 5: 223-229.

Yara Y, Vogt M, Fujii M, Yamano H, Hauri C, Steinacher M, Gruber N, Yamanaka Y (2012) Ocean acidification limits temperature-induced poleward expansion of coral habitats around Japan. Biogeosciences 9: 4955-4968.

Yoshikawa N (2014) Can paddy fields mitigate flood disaster?: possible use and technical aspects of the Paddy Field Dam. In: Usio N, Miyashita T (eds) Social-Ecolgical Restoration in Paddy-Dominated Landscapes. Springer.

Zhu Y, Chen H, Fan J, Wang Y, Li Y, Chen J, Fan J, Yang S, Hu L, Leung H, Mew TW, Teng PS, Wang Z, Mundt CC (2000) Genetic diversity and disease control in rice. Nature 406: 718-722.

サンデル, マイケル (2014) それをお金で買いますか―市場主義の限界―. 早川書房.

引用文献

スクデフ，パヴァン（2013）鏡の国の企業外部性―企業測定―（「『企業2020』の世界―未来をつくるリーダーシップ」第4章）．マグロウヒル・エデュケーション．

五十嵐哲也，牧野俊一，田中 浩，正木 隆（2014）総説：植物の多様性の観点から人工林施業を考える―日本型「近自然施業」の可能性―．森林総合研究所研究報告 13：29-42．

漆原友紀（2002）眇の魚．「蟲師」第3集．講談社．

宇留間悠香，小林頼太，西嶋翔太，宮下 直（2012）空間構造を考慮した環境保全型農業の影響評価：佐渡島における両生類の事例．保全生態学研究 17：155-164．

江田慧子，中村寛志（2010）長野県安曇野における野焼きがメアカタマゴバチによるオオルリシジミ卵への寄生に及ぼす影響について．日本環境動物昆虫学会誌 21：93-98．

沖縄国際マングローブ協会 編（2006）沖縄のマングローブ研究．新星出版．

及川敬貴（2015）生物多様性と法制度．「生物多様性を保全する」（大沼あゆみ，栗山浩一 編）．岩波書店．

大阪市立自然史博物館，大阪自然史センター 編（2008）干潟を考える 干潟を遊ぶ．東海大学出版会．

小椋純一（2006）日本の草地面積の変遷．京都精華大学紀要 30：160-172．

環境省（2002）里地自然の保全方策策定調査報告書．

環境省（2011）海洋生物多様性保全戦略．

環境省（2012）我が国の絶滅のおそれのある野生生物の保全に関する点検とりまとめ報告書．

環境省（2012）生物多様性国家戦略 2012-2020：豊かな自然共生社会の実現に向けたロードマップ．

環境省（2016）生物多様性及び生態系サービスの総合評価．

北山兼昭，今井伸夫，鮫島弘光（2011）脅かされる熱帯林の生物多様性―その現状と保全へのアプローチ―．森林科学 63：13-17．

栗山善昭（2006）海浜変形：実態，予測，そして対策．技報堂出版．

佐野光彦（1995）サンゴ礁魚類の多種共存にかかわる造礁サンゴの役割．「サンゴ礁：生物がつくった生物の楽園」（西平守孝，酒井一彦，佐野光彦，土屋 誠，向井 宏 共著），pp. 81-118．平凡社．

須賀 丈（2010）半自然草地の変遷史と草原性生物の分布．日本草地学会誌 56：225-230．

須賀 丈，岡本 透，丑丸敦史（2012）草地と日本人―日本列島草原1万年の旅―．築地書館．

須田有輔 編（2017）砂浜海岸の自然と保全．生物研究社．

須田有輔（2011）砂浜の生態系．「松原再生ハンドブック―生態系の保全・再生―」（日本緑化センター編），pp. 4-8．日本緑化センター．

諏訪僚太，中村 崇，井口 亮，中村雅子，守田昌哉，加藤亜記，藤田和彦，井上麻夕里，酒井一彦，鈴木 淳，小池勲夫，白山義久，野尻幸宏（2010）海洋酸性化がサンゴ礁域の石灰化生物に及ぼす影響．海の研究 19：21-40．

武内和彦，渡辺綱男（2014）日本の自然環境政策．東京大学出版会．

立松沙織，南條楠土，河野裕美，佐野光彦（2013）マングローブ域における護岸造成が魚類群集構造に与える影響．沖縄生物学会誌 51：27-40．

谷口洋基（2010）阿嘉島周辺のオニヒトデ被害と駆除活動の効果．みどりいし 21：26-29．

堤 宏徳（2014）宮崎海岸における陸域と水域の連続性確保への取り組み．沿岸域学会誌 27：24-30．

寺田仁志，川西基博，久保紘史郎，大屋 哲（2013）種子島中岳川・大浦川のマングローブ林について．鹿児島県立博物館研究報告 32：95-115．

東條一史（2007）日本産森林依存性鳥類種数の推定．森林総合研究所研究報告 6：9-26

遠山弘法，辻野 亮（2015）熱帯林の消失・回復と時間．「保全生態学の挑戦：空間と時間のとらえ方」宮下 直・西廣 淳（編），pp. 109-125．東京大学出版会．

中島悦子，磯辺篤彦，加古真一郎，坂井啓明，高橋 真（2014）漂着プラスチックごみ由来の重金属による海洋汚染の定量評価：長崎県五島市大串海岸における研究．海洋と生物 36：588-595．

日本サンゴ礁学会 編（2011）サンゴ礁学：未知なる世界への招待．東海大学出版会．

野田公夫，守山 弘，高橋佳孝，九鬼康彰（2011）里山・遊休農地を生かす―新しい共同＝コモンズ形成の場―．農山漁村文化協会．

馬場繁幸 編（2001）海と生きる森：マングローブ林．国際マングローブ生態系協会．
平舘俊太郎，楠本良延，森田沙綾香，小柳知代（2012）土壌環境制御による植生制御．植調 46：3-9.
深見裕伸（2016）分類と系統：有藻性イシサンゴ類における分類体系改変の現状 2015．生物科学 67：201-215.
福島慶太郎，坂口翔太，井上みずき，藤木大介，德地直子，西岡裕平，長谷川敦史，藤井弘明，山崎理正，高柳　敦（2014）シカによる下層植生の過採食が森林の土壌窒素動態に与える影響．日本緑化工学会誌 39：360-367.
福永真弓（2015）生物多様性の倫理．「生物多様性を保全する」（大沼あゆみ，栗山浩一　編）．岩波書店．
藤田大介，村瀬　昇，桑原久実 編（2010）藻場を見守り育てる知恵と技術．成山堂書店．
古澤千明，南明紀子（2015）インドネシアの森林破壊と日本との関係．Biocity 63：4-13.
松井正文（2005）両生・爬虫類からみた里山自然．「生態学からみた里山の自然と保護」（石井　実監修），pp. 86-91．講談社．
松田裕之（2000）エゾシカの保護と管理―野生生物管理学（Wildlife Management）入門―．「環境生態学序説―持続可能な漁業，生物多様性の保全，生態系管理，環境影響評価の科学―」，第5章．共立出版．
松葉史紗子，赤坂宗光，宮下　直（2015）Marxan による効率的な保全計画：その原理と適用事例．保全生態学研究 20：35-47.
松村俊和，内田　圭，澤田佳宏（2014）水田畦畔に成立する半自然草原植生の生物多様性の現状と保全．植生学会誌 31：193-218.
宮下　直，井鷺裕司，千葉　聡（2012）生物多様性と生態学―遺伝子・種・生態系―．朝倉書店．
宮下　直，野田隆史（2003）群集生態学．東京大学出版会．
宮本麻子（2014）現実の森林―人間活動によりどのように変化してきたのか―．「教養としての森林学」（井出雄二，大河内勇，井上　真 編），第 19 講．文英堂出版．
本川達雄（2008）サンゴとサンゴ礁のはなし―南の海のふしぎな生態系―．中央公論新社．
森　章（2007）生態系を重視した森林管理―カナダ・ブリティッシュコロンビア州における自然攪乱研究の果たす役割―．保全生態学研究 12：45-59.
吉岡明良，角谷　拓，今井淳一，鷲谷いづみ（2013）生物多様性評価に向けた土地利用類型と「さとやま指数」でみた日本の国土．保全生態学研究 18：141-156.
鷲谷いづみ（2011）さとやま―生物多様性と生態系模様―．岩波書店．
渡邉　修，彦坂　遼，草野寛子，竹田謙一（2012）仙丈ヶ岳におけるシカ防除柵設置による高山植生の回復効果．信州大学農学部紀要 48：17-27.
渡邊眞紀子（1992）土壌の資源的価値に関する比較文化的考察：黒ボク土と農耕文化．中央学院大学比較文化研究所紀要 6：189-210.

用語索引

欧文

COP11 96
Endangered Species Act 27
FSC認証 95,162
GBO 153
IPBES 164
IPCC 12,13,164
IUCN 6,8,23,29,94,147
JBO 153,155
JBO2 155
Levinsモデル 34
REDD+ 95
SATOYAMA 135
SATOYAMAイニシャティブ 160
TEEB 89
WHO 165

ア行

愛知目標 153,160
アグロフォレストリー 159
亜種 14
アレルギー疾患 166
アレルゲン 166
アンダーユース 8,10,12,90,94,144,155
生きている地球指数 6
生きものを育む農法 163
異所的種分化 63
一次生産量 2,4
逸散型 126
遺伝子流動 58,64,65
遺伝的多型 13
遺伝的浮動 58
遺伝的分化 13
インセンティブ 95

インターロイキン 166
エコモルフ 58
塩排斥機能 120
オーバーユース 8,90,144,155
温暖化ガス 5,12,164

カ行

海岸侵食 128
海岸保全施設 129
海洋酸性化 89,108
海洋保護区 117
外来魚 10,114
外来雑草 144
外来生物 8,11,23,38
外来生物法 11
攪乱 47,55,79,136,140
賢い利用 157
花粉媒介 21
カーボンオフセット 96
環境基本法 153
環境収容力 36,41,53
環境税 161
環境保全型農業 159,163
乾田化 9,148
緩和策 119
幾何平均 25
気候変動枠組条約第11回締約国会議（COP11） 96
基盤サービス 19,20,84,98
基盤種 106,116,120
ギャップ 79,98,101,157,167
ギャップ利用種 79
供給サービス 19,84,98,151,155
共生感 167
競争排除 50,51

行列個体群モデル 29,30,31,33
局所安定 46,47,54,55,56
局所絶滅 145
局所不安定 46,54,55,56
魚食魚 43,114
空間構造 33,37,77,146
黒ぼく土 140,142,145
景観 18,85,111,134,150,157
——の異質性 18,135
工業暗化 67
耕作放棄 149,161
交雑 2,70
功利主義 167
呼吸根 120
国立公園 156
個体群成長率 24,31,53

サ行

採餌ニッチ 70
最終氷河期 137
再森林化 87,91
里地・里山 133
里山 10,15,17,86,90,133,144,157
さとやま指数 135
サーフゾーン 127
サンゴ礁 4,17,43,78,102,133
3次メッシュ 135
算術平均 25
酸性化 4,122
酸性硫酸塩土壌 122
仔魚 110,115
ジステンバー病 9
自然公園法 157

自然選択 14, 48, 58, 65
支柱根 120, 122
膝根 120
従属栄養生物 1
集団サイズ 58
収斂進化 58
種分化 57, 61, 63, 70, 73
　——の逆転 70
循環セル 127
筍根 120
純生産量 84
準絶滅危惧種 149
初期値依存性 56
食物網 15
食物連鎖 15, 81, 147, 149
植林 87, 91, 93, 125
進化 13, 48, 57, 64, 66, 73
薪炭林 90, 133
シンプソンの多様度指数 18, 135, 139
森林認証 95, 162

水産物認証 162
ステージ構造 29, 31
砂浜海岸 102, 126, 128
スピルオーバー 117

成育場 123
生活史 17, 29, 68, 79, 148
生活史戦略 77
生殖隔離 61, 63, 70
生食連鎖 81
性選択 61, 70
生息地ネットワーク 145
生息地補完 138, 148
生息地補償 138
生態学的回廊 101
生態系維持回復事業 157
生態系機能 47, 50, 84
生態系サービス 19, 43, 84, 87, 93, 95, 98, 118, 133, 150, 161, 164
　——に対する支払 161
生態系ディスサービス 86, 151
生態系と生物多様性の経済学（TEEB） 89
生態的種分化 65

生物学的均質化 90
生物学的種概念 61
生物群集 18, 39, 40, 51, 131
生物侵食 108
生物多様性オフセット 163
生物多様性及び生態系サービスの総合評価（JBO2） 155
生物多様性基本法 153
生物多様性国家戦略 8, 12, 152
生物多様性条約 13, 86, 152
生物多様性総合評価（JBO） 153, 155
生物多様性配慮型の農業 159
生物多様性バンク 86, 163
生物多様性フットプリント 93
世界自然遺産 156
世界文化遺産 86
世界保健機構（WHO） 165
絶滅危惧I類 142
絶滅リスク 7, 25, 155
遷移後期種 80, 91
遷移初期種 80, 91
選択効果 50

藻食魚 112, 116
送粉サービス 21, 48, 50, 151
相補性 158
相補性効果 50, 51
相利共生 105
側所的種分化 65
ゾーニング 159
存続可能な最小メタ個体群サイズ 37

タ 行

第1の危機 8, 9
第2の危機 8, 9
第3の危機 8, 10
第4の危機 9, 12
代替安定 46, 56
大陸-島 36
対立遺伝子 19, 57, 64
大量絶滅 7, 8
択伐 90, 100, 162
多様度指数 18, 135, 139
弾性 33

弾性分析 32
地球温暖化 12, 73, 103, 108, 118, 161, 164
地球規模生物多様性概況（GBO） 153
中規模攪乱説 144
潮間帯 119, 120, 125, 127
鳥獣保護区 118, 156
調整サービス 19, 21, 84, 98, 151
直接支払制度 161
直立根 120, 122
地理情報システム 138
地理的障壁 64

低インパクト択伐 100
抵抗性品種 14
適応策 119
適応度 57, 65, 69
適応度地形 65, 73
適応放散 58, 60, 70
同所的種分化 63
動的平衡 145
逃避場所 137
特別保護地区 156
独立栄養生物 1
都市緑地 165
土地シェアリング 159
土地スペアリング 159
突堤 129
トレードオフ 22, 87, 98

ナ 行

内在的価値 167
内的自然増加率 41, 44
中干し 146, 148
名古屋議定書 86

二次草地 135, 137, 139, 141
ニッチ（生態的地位） 50, 62
人間関係能力 167
人間の福利 152, 155, 164
認証制度 95, 162
認証米制度 163

ネオニコチノイド系農薬 149

農用林 133
野焼き 141

ハ 行

パイライト 122
白化 4,89,106,110,116
パーム油 88,93,162
パーム油認証 162
半自然草地 140,141,142,144,
　145
反射型 126

東日本大震災 155
干潟 103,125
ヒステリシス 47
ヒートアイランド 165
微分方程式 34,40,44
漂着ごみ 132
微粒炭 140
富栄養化 43,74,107,112,117,
　144
複層林施業 99
腐食連鎖 81

普通地域 156
物理侵食 108
分解系 81,98
文化的サービス 19,21
分岐選択 65

平衡 35,54
ヘッドランド 130

保護区選定 158
圃場整備 144,148

マ 行

埋土種子 80
牧 141,145
マングローブ林 17,76,102,
　119,121,125

メソプレデターリリース 38
メタゲノム解析 2
メタ個体群 34,62,110,144
メタ個体群収容力 38
メンタルヘルス 21,166

モザイク景観 150
モニタリングサイト1000 138

藻場 78,103,112

ヤ 行

宿主操作 82

有効対立遺伝子数 19

養浜 130

ラ 行

ラムサール条約 146,156
乱獲 23,112,117

離岸堤 129
緑肥 134,141,161

レジームシフト 38,43,110
レジリエンス 47,56,91,100,
　110,117
レッドリスト 6,23,94,142,
　147
レッドリスト指数 6

ロジスティック方程式 41,44,
　53,54,55

生物名索引

欧　文

Pterois miles 114

ア 行

アイゴ類 112,123
アカウミガメ 29
アカガエル 138,148
アカメガシワ 80
アシナガグモ類 147,151
アブラヤシ 88,93,163

アマガエル 149
アマミイシモチ 122
アマミノクロウサギ 10
アミ類 127
アメリカザリガニ 11

イイギリ 80
イシイルカ 73
イッカク 61,73
イノシシ 151

オオガラパゴスフィンチ 72
オオクチバス 10,11

オオシモフリエダシャク 13
オオルリシジミ 142,143,144
オニヒトデ 106,116
オヒルギ 120
オミナエシ 137,142

カ 行

カゲロウ 83
カタクリ 137
褐藻 113
褐虫藻 104,107,112
カニ類 102,121,125,127

生物名索引

カマキリ 83
カミキリムシ 78
ガラパゴスフィンチ 72
カワゲラ 83
カワラナデシコ 142
ガンマプロテオ細菌 166

キキョウ 137,142
キクイムシ 78
キタゼンマイトカゲ 59
キツツキ 78
キリギリス 83

クマ 73
クモザル 93
グラム陰性菌 166
グランヴィルヒョウモンモドキ 34
グリーンアノール 10,58
クロサンショウウオ 139

げっ歯類 81
ゲンゴロウ類 147

コイヘルペスウイルス 11
コガラパゴスフィンチ 72
コシアブラ 79

サ 行

サケ科魚類 17,83
サシバ 15,17,138,149
サドガエル 147
サル 92
サンゴ 4,12,43,89,104

シアノバクテリア 1
シジュウカラ 69
ジャノメチョウ 145
食肉目 81
シロイルカ 73

水生カメムシ類 147

ズキンアザラシ 73

セミクジラ 73

ソバ 15,16,21,48,150

タ 行

タイセイヨウダラ 68,69
タテゴトアザラシ 73
タマムシ 78
タラノキ 80

チュウサギ 149

トウキョウサンショウウオ 138
トキ 9,147,163
ドジョウ 148
トンボ類 147

ナ 行

ナンヨウネズミ 38

ニホンオオカミ 9,14
ニホンカワウソ 9,23
ニホンジカ 14,91,92
ニホンミツバチ 150
二枚貝類 103,108,127

ネアンデルタール人 2
ネズミイルカ 73

ハ 行

ハイイログマ 23,61,62,73
バクテリア 81
ハジロシロハラミズナギドリ 38
ハナミノカサゴ 114
ハマトビムシ類 128,132
ハリガネムシ 83

ヒシ 11
ヒト 2,38,42,61
ヒトスジシマカ 12
ヒミズ 81
ヒルギダマシ 120

フイリマングース 10
フエダイ属 123
フクジュソウ 137
フクロウ 78
ブダイ 17
ブダイ類 108,112,123
ブラウンアノール 59,60
ブルーギル 10
フローレス人 2

ホッキョククジラ 73
ホッキョクグマ 61,62
ホンダワラ類 113

マ 行

マダラフクロウ 37
マヤプシキ 120
マルハナバチ 16,21,48

ミツバチ 12,15,21,150
ミドリシジミ 137
ミノカサゴ属 114
ミヤマシジミ 144

ムシクイ 78

モグラ 81

ヤ 行

ヤエヤマヒルギ 120,125
ヤマアカガエル 139
ヤマトイワナ 83

ヨコエビ類 127,128

著者略歴

宮下　直
1961年　長野県に生まれる
1985年　東京大学大学院農学系研究科修士課程修了
現　在　東京大学大学院農学生命科学研究科・教授
　　　　博士（農学）
著　書　『生物多様性と生態学』
　　　　（共著，朝倉書店，2012）
　　　　『生物多様性のしくみを解く』
　　　　（工作舎，2014）
　　　　『となりの生物多様性』
　　　　（工作舎，2016）など

瀧本　岳
1973年　和歌山県に生まれる
2002年　京都大学大学院理学研究科博士課程修了
現　在　東京大学大学院農学生命科学研究科・准教授
　　　　博士（理学）

鈴木　牧
1973年　北海道に生まれる
2001年　北海道大学大学院地球環境科学研究科博士課程修了
現　在　東京大学大学院新領域創成科学研究科・准教授
　　　　博士（地球環境科学）

佐野光彦
1955年　静岡県に生まれる
1982年　東京大学大学院農学系研究科博士課程修了
現　在　東京大学大学院農学生命科学研究科・教授
　　　　農学博士

生物多様性概論
―自然のしくみと社会のとりくみ―

定価はカバーに表示

2017年3月10日　初版第1刷
2021年8月25日　　　第5刷

著　者　宮　下　　　直
　　　　瀧　本　　　岳
　　　　鈴　木　　　牧
　　　　佐　野　光　彦
発行者　朝　倉　誠　造
発行所　株式会社　朝倉書店
　　　　東京都新宿区新小川町6-29
　　　　郵便番号　162-8707
　　　　電話　03(3260)0141
　　　　FAX　03(3260)0180
　　　　http://www.asakura.co.jp

〈検印省略〉

© 2017 〈無断複写・転載を禁ず〉

Printed in Korea

ISBN 978-4-254-17164-8　C 3045

JCOPY ＜出版者著作権管理機構 委託出版物＞

本書の無断複写は著作権法上での例外を除き禁じられています．複写される場合は，そのつど事前に，出版者著作権管理機構（電話 03-5244-5088, FAX 03-5244-5089, e-mail: info@jcopy.or.jp）の許諾を得てください．

東大 宮下 直・京大 井鷺裕司・東北大 千葉 聡著
生物多様性と生態学
―遺伝子・種・生態系―
17150-1　C3045　　　　A5判 184頁 本体2800円

遺伝子・種・生態系の三部構成で生物多様性を解説した教科書。〔内容〕遺伝的多様性の成因と測り方／遺伝的多様性の保全と機能／種の創出機構／種多様性の維持機構とパターン／種の生態系の機能／生態系の構造／生態系多様性の意味

熊本大 横瀬久芳著
はじめて学ぶ海洋学
16070-3　C3044　　　　A5判 160頁 本体1800円

学術的な分類の垣根を取り払い、広く「海」のことを知る。〔内容〕人類の海洋進出（測地，時計など）／水の惑星（海流，台風，海水，波など）／生物圏（生命の起源，魚達の戦略など）／現状と未来への展望（海洋汚染，資源の現状など）

日本土壌肥料学会「土のひみつ」編集グループ編
土のひみつ
―食料・環境・生命―
40023-6　C3061　　　　A5判 228頁 本体2800円

国際土壌年を記念し、ひろく一般の人々に土壌に対する認識を深めてもらうため、土壌についてわかりやすく解説した入門書。基礎知識から最新のトピックまで、話題ごとに2～4頁で完結する短い項目制で読みやすく確かな知識が得られる。

東大 根本正之・京大 冨永 達編著
身近な雑草の生物学
42041-8　C3061　　　　A5判 160頁 本体2600円

農耕地雑草・在来雑草・外来植物を題材に、植物学・生理学・生物多様性を解説した入門テキスト。〔内容〕雑草の定義・人の暮らしと雑草／雑草の環境生理学／雑草の生活史／雑草の群落動態／攪乱条件下での雑草の反応／話題雑草のコラム

農工大 梶 光一・酪農学園大 伊吾田宏正・岐阜大 鈴木正嗣編
野生動物管理のための狩猟学
45028-6　C3061　　　　A5判 164頁 本体3200円

野生動物管理の手法としての「狩猟」を見直し、その技術を生態学の側面からとらえ直す、「科学としての狩猟」の書。〔内容〕狩猟の起源／日本の狩猟管理／専門的捕獲技術者の必要性／将来に向けた人材育成／持続的狩猟と生物多様性の保全／他

法政大 島野智之・北海道教育大 髙久 元編
ダニのはなし
―人間との関わり―
64043-4　C3077　　　　A5判 192頁 本体3000円

人間生活の周辺に常にいるにもかかわらず、多くの人が正しい知識を持たないままに暮らしているダニ。本書はダニにかかわる多方面の専門家が、正しい情報や知識をわかりやすく、かつある程度網羅的に解説したダニの入門書である。

寺山 守・久保田敏・江口克之著
日本産アリ類図鑑
17156-3　C3645　　　　B5判 336頁 本体9200円

もっとも身近な昆虫であると同時に、きわめて興味深い生態を持つ社会昆虫であるアリ類。本書は日本産アリ類10亜科59属295種すべてを、多数の標本写真と生態写真をもとに詳細に解説したアリ図鑑の決定版である。前半にカラー写真（全属の標本写真、および大部分の生態写真）を掲載、後半でそれぞれの分類、生態、分布、研究法、飼育法などを解説。また、同定のための検索表も付属する。昆虫、とりわけアリに関心を持つ学生、研究者、一般読者必携の書。

C.タッジ著　和光大 野中浩一・京産大 八杉貞雄訳
生物の多様性百科事典
17142-6　C3545　　　　B5判 676頁 本体20000円

生物学の教育と思考の中心にある分類学・体系学は、生物の理解のために重要であり、生命の多様性を把握することにも役立つ。本書は現生生物と古生物をあわせ、生き物のすべてを網羅的に記述し、生命の多様性を概観する百科図鑑。平易で読みやすい文章、精密で美しいイラストレーション約600枚の構成による魅力的な「系統樹」ガイドツアー。"The Variety of Life"の翻訳。〔内容〕分類の技術と科学／現存するすべての生きものを通覧する／残されたものたちの保護

上記価格（税別）は2021年 7月現在